BALKON-KRÄUTER —ERNTE

KOSMOS

KRÄUTER
ESSIG
GRÜNES
ÖL
ROSMARIN
CHILI
ÖL

Garten Journal

INHALT

5 **GETTING STARTED – DEN BALKON PLANEN**
6 Eine leere „Leinwand“ wird grün
9 Kräuterbalkon Schritt für Schritt
12 Standort & Balkonausrichtung
17 Zero Waste – nutze, was du hast
18 Töpfe & Gefäße: Wie viel Platz brauche ich?
25 Anordnung & Kombination
30 Kräuter & Gemüse kombinieren
37 Kräuter als Dachbegrünung
40 Sitzplätze schaffen

43 **BEETE ANLEGEN**
44 Werkzeuge und Hilfsmittel
49 Soilmates: Welche Erde brauche ich wirklich?
51 DIY: Kistenbeet mit Rollen

53 **PFLANZEN & PFLEGEN**
54 Wie komme ich an Kräuterpflanzen?
62 Pflanzen, düngen & gießen
70 Rückschnitt & Ernte
74 Pflanzen schützen
80 Kräuter im Winter

87 **BEETE & TÖPFE ÜBERS JAHR**
88 Der Kräuterbalkon im Jahresverlauf
94 Mit vier Beeten durchs ganze Jahr
96 Mediterranes Beet
100 Schnittkräuterbeet
104 Küchenkräuterbeet
108 Teekräuterbeet

114 **KRÄUTER IN DER KÜCHE**
115 Vom Balkon auf den Teller
117 Kräuter haltbar machen
120 Food Pairing – perfect Matches

122 Service
123 Register

GETTING STARTED – DEN BALKON PLANEN

EINE LEERE „LEINWAND" WIRD GRÜN

Das ganze Jahr über frische Kräuter für deine Küche ernten. Wie das klappt, möchte ich dir gerne zeigen. Auf den nächsten Seiten erzähle ich dir, wie ich meinen Kräuterbalkon plane und was ich die letzten Jahre über das Gärtnern in Töpfen gelernt habe.

1 Der Balkon im Februar. Die „leere Leinwand" wartet darauf, bepflanzt zu werden.

2 Der Balkon im Juli. Aus dem kahlen Balkon ist eine grüne, essbare Oase geworden.

EINFACH ANFANGEN ...

Bei Künstlern gibt es etwas, das heißt „die Angst vor dem leeren Blatt". Man weiß einfach nicht, wo und wie man anfangen soll. Die Möglichkeiten sind endlos und man fühlt sich schnell überfordert. Mir ging es bei meinem Balkongarten sehr ähnlich.

Ich musste erst verstehen, dass es darum geht, „einfach" anzufangen. Es geht nicht um Perfektion, sondern darum, etwas Neues zu lernen, auszuprobieren und den Prozess zu genießen. Alle Fehler, die wir auf dem Weg dahin machen, bringen uns weiter. Ich möchte dir gerne zeigen, was ich über die Jahre gelernt habe, und dich begeistern für deinen eigenen kulinarischen Kräuterbalkon.

... UND KLEIN ANFANGEN

Wenn du anfängst: „Fang klein an"! Dieser Ratschlag hätte mir am Anfang sehr geholfen, denn es wird schnell mal zu viel und dann verliert man den Überblick. Also lieber klein starten und dann steigern. Dafür habe ich dir als Unterstützung vier Musterbeete zusammengestellt, siehe Seite 94.

Außerdem bekommst du Tipps, wie du Kräuter mit Kräutern und Kräuter mit Gemüsepflanzen kombinieren kannst, denn Pflanzen können sich gegenseitig unterstützen, siehe Seite 30. Ebenso in der Küche gibt es tolle Kombinationen, „Food Pairing" genannt. Und du bekommst Ideen für „Perfect Matches" im Beet und auf dem Teller.

1 Salbei gibt es in verschiedensten Formen und Farben.

2 Der Hopfenoregano schmeckt würzig nach Oregano.

3 Die grobe Skizze meines Balkons mit Töpfen und Sitzgelegenheiten. Als visuelle Unterstützung für die Planung.

WAS WILLST DU ERNTEN?

Im Supermarkt habe ich immer wieder die Kräuter, mit denen ich kochen wollte, wie frischen Salbei oder Thymian, vergeblich gesucht. Also bin ich zur „Kräuterselbstversorgerin" geworden und das ist eine riesige Bereicherung für meine Küche. Denn „Kräuter machen einfach alles besser!" Jetzt kann ich sie jederzeit ernten und damit kochen. Welche Kräuter isst du am liebsten? Überlege dir, was du gerne ernten möchtest, und schreibe es auf. Es gibt neben den bekannten Sorten auch so viele verschiedene außergewöhnliche Kräuter, die nicht nur besonders schmecken, sondern auf deinem Teller und in den Balkonkästen wunderschön aussehen.

DER PLAN

Erstelle einen Plan und mache eine grobe Skizze deines Balkons. Das muss nicht perfekt sein, es soll dir nur eine Orientierung geben. Fange an mit Länge und Breite und zeichne grob die Details ein, wie Sitzmöbel und eventuell schon vorhandene Töpfe und Hochbeete. In welche Himmelsrichtung zeigt dein Balkon und wie verläuft die Sonne? Tipps zur Standortanalyse gibts auf den folgenden Seiten.

DAS GARTENJOURNAL

Ein zusätzlicher Tipp gleich zu Anfang: Notiere dir alles in einem Notizbuch, in einem sogenannten Garten- oder Balkonjournal. Somit hast du alle Informationen, Pläne, Gedanken und Ideen an einem Ort gebündelt, siehe Seite 11.

KRÄUTERBALKON SCHRITT FÜR SCHRITT

1 Überlege dir, was du gerne ernten möchtest und welche Kräuter du brauchst. Als Inspiration helfen Gartenbücher, Blogs und Zeitschriften. Schreibe deine Ideen auf, z. B. in ein Gartentagebuch.

2 Bestandsaufnahme. Wie groß ist dein Balkon und in welche Richtung zeigt er? Ist es ein Sonnen-, Halbschatten- oder Schattenbalkon? Tipps zum Standort gibts auf Seite 12.

3 Töpfe vorbereiten, mit Erde füllen oder die alte Erde vom Vorjahr aufbereiten. Alles pflanzbereit machen. Tipps zur passenden Erde findest du auf Seite 49.

4 Aussäen oder gekaufte Kräuter einpflanzen. Worauf du dabei achten musst, erkläre ich dir ab Seite 54.

5 Pflanzen pflegen: Achtsam gießen, düngen und ernten, damit die Kräuter kräftig und gesund wachsen. Ab Seite 62 gehts rund um die Pflege für gesunde Kräuter.

6 Im Winter solltest du frostempfindliche mehrjährige Kräuter vor der Kälte schützen. Somit kannst du sie auch im Winter beernten und hast Kräuter das ganze Jahr. Auf Seite 80 zeige ich dir, wie ich den Balkon winterfest mache.

Das Balkonjournal ist dein persönliches Lexikon, mit dem du deinen Balkon und die Pflanzen besser kennenlernen wirst.

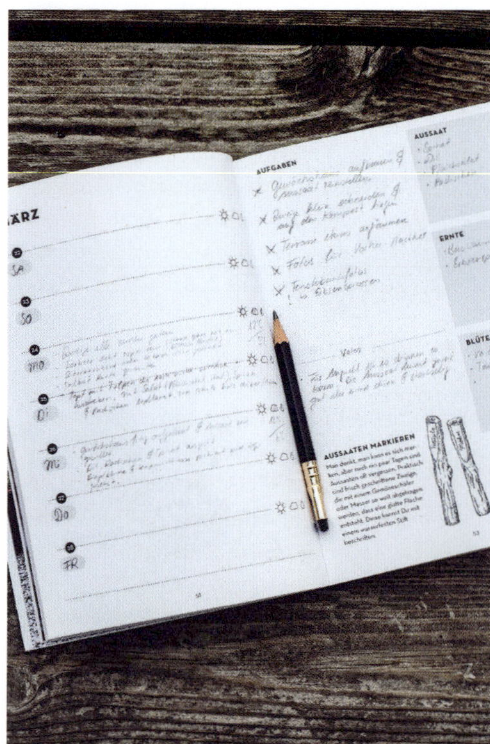

DAS BALKON-GARTENJOURNAL

Das Gartenjournal ist der Ort, an dem du alle Informationen sammelst und bündelst. Dieses Buch wird somit Stück für Stück zu deinem persönlichen Lexikon. Jeder Balkon ist anders, ob Lichtverhältnisse, Temperatur oder Unwetterschutz. Du wirst über die Jahre lernen, was bei dir gut funktioniert und was eher nicht.

Auch wenn es Garten- „Tagebuch“ heißt, bedeutet das nicht, dass du täglich reinschreiben musst. Dieses „Werkzeug“ soll dir helfen und dich unterstützen, aber nicht stressen. Die wichtigste Regel dabei ist: „Du schreibst das Gartenjournal für dich, du musst keinen reinschauen lassen!“ Ich weiß, manchmal ist es schwer, Notizbücher zu beginnen. Was dir aber dabei helfen kann, ist dir bewusst zu machen, dass es nicht bewertet wird. Du entscheidest, was drin steht, was dir wichtig ist und wie du es gestalten willst.

Meine Freundin Carolin Engwert hat im Kosmos Verlag ein wundervolles Gartenjournal rausgebracht, für das ich die Illustrationen zeichnen durfte. Das war bisher eines meiner schönsten Projekte und nicht nur deshalb arbeite ich gerne damit. Caro hat eine tolle Struktur geschaffen, mit der ich super zurechtkomme. Von viel Platz für Notizen, hilfreichen Tipps, To-Dos und praktischen Monatsübersichten ist einiges dabei. So ein strukturiertes Buch kann dir dabei helfen, den Einstieg ins „Gardenjournaling“ zu finden. Du brauchst allerdings nicht zwingend ein vorgedrucktes Journal, du kannst auch einfach ein normales Notizbuch verwenden und dir deine eigene individuelle Struktur gestalten.

DAS STEHT DRIN IM JOURNAL

Hier ist Platz für deine Balkonskizze und eine Liste der Pflanzen, die du auf deinem Balkon haben möchtest. Wie ist das Wetter? Was hat geklappt und was nicht? Was konntest du wann ernten und was hast du wann gepflanzt oder ausgesät und wann ist es gekeimt? Jedes Mal, wenn du etwas auf deinem Balkon machst oder dir etwas auffällt, notierst du es in dein Journal. Hier halte ich auch meine Inspirationen fest, wenn ich irgendwo etwas lese oder sehe. Du kannst reinzeichnen, Fotos reinkleben oder einfach nur schreiben, dir sind keine Grenzen gesetzt.

Hier ein paar Impulse für dein Gartenjournal

— Balkonskizze, Fotos und Beetpläne.
— Was willst du pflanzen und ernten?
— Was hast du gepflanzt und geerntet?
— Planung: Wann willst du was machen?
— Dokumentation: Wann hast du was gemacht?
— Wie war das Wetter und die Temperaturen am Tag und in der Nacht?
— Deine Gedanken, was geklappt hat und was nicht.
— Was würdest du das nächste Mal anders machen und warum?
— Wann hast du was gepflanzt oder ausgesät?
— Schädlingsbefall festhalten und was du dagegen gemacht hast und wie es gewirkt hat.
— Was hast du wann geerntet?
— Was blüht gerade?
— Über welche tierischen Besucher hast du dich gefreut?
— Ideen für Mischkulturen und Pflanzkombinationen.
— Alles, was dir sonst noch wichtig ist, festhalten.

Ich liebe mein Gartenjournal sehr, und es macht mir große Freude, damit zu arbeiten. Vor allem blättere ich es gerne durch, besonders an kalten Wintertagen. So wächst die Vorfreude auf den Balkongarten umso mehr. Jetzt bis du dran, gestalte dein eigenes Gartenjournal nach deinen Ideen und Wünschen. Lerne aus deinen Erfahrungen, das Journal ist dein gebündeltes Gartenwissen, das über die Jahre immer weiterwächst.

STANDORT & BALKON-AUSRICHTUNG

Bevor du mit dem Pflanzen loslegen kannst, ist es hilfreich, ein paar Dinge herauszufinden. In welche Himmelsrichtung zeigt dein Balkon und wie viele Sonnenstunden gibt es dadurch? Wie sieht es eigentlich mit der Traglast aus? Ich helfe dir bei deiner Standortanalyse.

STANDORT ANALYSIEREN

Schau dir zuerst deinen Balkon im Tagesverlauf an und beobachte den Lauf der Sonne. Wie viele Sonnenstunden hast du? Wo sind die sonnigen, halbschattigen oder schattigen Plätze? Die Kompass-App am Handy hilft dir, die Himmelsrichtung zu bestimmen. Achte auf wind- und regengeschützte Ecken. Du kannst diese Infos in deinem Gartenjournal notieren.

TRAGLAST

Balkone tragen im Durchschnitt etwa 300 kg pro m^2. Wenn du sicher gehen möchtest, frage deinen Vermieter. Achte auf leichte Materialien bei Töpfen und Hochbeeten, wie Holz, Filz oder Kunststoff. Behalte im Hinterkopf, dass durch Regen und Gießen sich die Erde vollsaugt und dadurch einiges mehr wiegt.

1 Mischkultur im Topf: Wenn du Gemüse mit Kräutern clever kombinierst, sparst du Platz und kannst dadurch Töpfe und Gewicht reduzieren.

2 Chili und Tomaten mögen es sonnig und stehen daher auf dem Platz mit den meisten Sonnenstunden.

UNWETTERSCHUTZ

Ich habe meine Holzkistenbeete und einige Töpfe auf Rollbrettern stehen. So kann ich sie bei starkem Regen, Sturm oder Hagel an die geschützte Hauswand schieben. Das verhindert zudem Feuchtigkeitsstau. Bei Holzterrassen kann es schnell mal zu Schäden durch Fäulnis kommen, wenn sich die Feuchtigkeit unter dem Topf sammelt.

Sonne: Lavendel liebt die Sonne.

Halbschatten: dreimal Minze mit Wurzelsperre für den Halbschatten

SONNE

Ein nach Süden gerichteter Sonnenbalkon hat etwa 8–12 Stunden direkte Sonneneinstrahlung am Tag. Der Vorteil an viel Sonne ist, dass die Kräuter oft aromatischer werden. Allerdings verdunstet viel Wasser und empfindliche Blätter können sogar verbrennen. Hier ein paar Tipps, um optimale Bedingungen für deine Pflanzen zu schaffen.

— Gieße häufiger und regelmäßig, besonders an heißen Tagen. Auch Bewässerungssysteme, ob elektrisch oder analog mit Ollas (Tongefäße), können helfen. Mediterrane Kräuter brauchen weniger Wasser und können gut mit der Hitze umgehen.

— Mulche mit Stroh, Schafwolle oder bodendeckenden Pflanzen.

— Windschutz kann vor zusätzlicher Verdunstung schützen.

— Größere Gefäße speichern mehr Wasser.

— Schatten schaffen mit Sonnenschirm, Sonnensegel oder Markise.

— Angereicherte Erde mit Vermiculite oder Tonperlen speichert Wasser.

— Kräuterauswahl für den Sonnenbalkon: Rosmarin, Thymian, Lavendel, Salbei, Lorbeer, Ringelblume, Bohnenkraut, Majoran, Dill, Oregano, Basilikum, Zitronenmelisse, Zitronenverbene, Kapuzinerkresse.

HALBSCHATTEN

Von einem halbschattigen Balkon spricht man, wenn er etwa 3–6 Stunden Sonne am Tag abbekommt. Viele Kräuter gedeihen hier besonders gut. Die sonnigen Plätze kannst du gezielt für Sonnenanbeter wie Lorbeer, Rosmarin und Lavendel nutzen.

— Gießen bei Bedarf, gerade an heißen Tagen. Hier gilt es wie beim Sonnenbalkon, die Pflanzen vor starker Mittagshitze zu schützen. Achte zusätzlich darauf, dass an den schattigen Stellen keine Staunässe in den Töpfen entsteht und passe dein Gießverhalten an.

Schatten: Bärlauch, Waldmeister, Duftveilchen und Walderdbeere

Kapuzinerkresse bildet in der Sonne mehr Blüten, im Schatten mehr Blätter.

— Mulchen oder mit bodendeckenden Pflanzen zu arbeiten kann helfen, die Verdunstung einzudämmen und schützt zudem vor starken Temperaturschwankungen.
— Die Kräuterauswahl für den Halbschatten: Petersilie, Schnittlauch, Schnittknoblauch, Schnittsellerie, Basilikum, Kerbel, Koriander, Minze, Melisse, Borretsch, Ringelblume.

SCHATTEN

Der Schattenbalkon hat wenig bis keine direkte Sonneneinstrahlung und gilt oft als herausfordernd. Mit der richtigen Pflanzenauswahl und Pflege lässt sich allerdings auch hier ein schöner Kräuterbalkon anlegen, gerade Kräuter sind sehr anpassungsfähig.
— Gießen brauchst du hier meist nur mäßig, achte außerdem darauf, Staunässe zu vermeiden.
— Gute Drainagen sind sinnvoll, um die Belüftung der Erde zu fördern und Staunässe entgegenzuwirken.
— Sorge für Luftzirkulation. Wenn es feucht und warm ist, kommt es schnell mal zu Schimmel und anderen Krankheiten. Achte daher auf Luftzirkulation, indem du die Töpfe beispielsweise auf Klötze oder Rollen stellst. Schneide abgestorbene Blätter und Blüten zeitnah ab, um die Ausbreitung von Mehltau und Ähnlichem vorzubeugen.
— Kräuterauswahl für den Schattenbalkon: Bärlauch, Baldrian, Melisse, Petersilie, Pimpinelle, Sauerampfer, Brunnenkresse, Kapuzinerkresse, Kerbel, Liebstöckel, Duftveilchen und Waldmeister.

STANDORT-KÜNSTLER

Ich hatte auch schon Rosmarin im Schatten und Halbschatten stehen und das hat geklappt, er wächst dort nur sehr langsam und blüht weniger. Du musst darauf achten, dass er auf keinen Fall Staunässe abbekommt. Wie bei allem gilt: probiere es aus.

PRIMETTA
Polpa
FINISSIMA
100% TOSCANO
TOMATO & PEPPER

ZERO WASTE – NUTZE, WAS DU HAST

Nachhaltig Gärtnern heißt auch, mit dem arbeiten, was da ist. Das schont nicht nur Ressourcen, sondern auch deinen Geldbeutel. Manchmal kommen dabei richtig schöne Ideen raus. Hier ein paar Impulse von mir.

NUTZEN, WAS DA IST

Was kannst du verwenden von dem, was schon da ist? Hast du alte Holzkisten, die du zu Beeten umwandeln kannst? Die alte Schaufel von Papa, die Gießkanne von Oma oder Mamas Gartenschere. Verwende doch erstmal die Dinge zum Gärtnern, die du hast, das spart Geld und Material. Auch alte Plastiktöpfe aus der Gärtnerei verwende ich für die Anzucht wieder. Besonders schön finde ich es, in verschiedenen Dosen, die ich über die Jahre gesammelt habe, zu pflanzen. Gerade im Urlaub halte ich Ausschau nach hübschen Konservendosen. Hier ist es wichtig, dass du unten Löcher rein machst, damit keine Staunässe entsteht. Übrigens, auf Seite 49 zeige ich dir, wie du die alte Erde aus den Töpfen vom Vorjahr aufbereiten kannst, um sie wiederzuverwenden.

SELBER MACHEN

Aus abgeschnittenen Zweigen kannst du Beschriftungsstäbchen schnitzen oder Rankhilfen bauen. Du kannst aus alten Brettern Anzuchtbeete und aus Weinkisten Holzkistenbeete bauen, wie das geht, zeige ich dir auf Seite 51. Im Kapitel über Schädlinge auf Seite 77 zeige ich dir, wie du aus Knoblauch einen schützenden Tee gegen Mehltau und Plagegeister wie Blattläuse kochen kannst. Von selbst gemachten Anzuchttöpfen aus Klopapierrollen oder Zeitungspapier rate ich dir allerdings ab, die fangen schnell mal an zu schimmeln.

WENIGER UND DAFÜR QUALITÄT

Ich neige leider, dazu mich schnell mal in schöne Schaufeln, Töpfe und Pflanztische zu verlieben. Gegen Impulskäufe hilft es mir, eine Woche abzuwarten und zu überlegen, ob ich es wirklich brauche oder vielleicht selbst bauen kann. Angefangen zu gärtnern, habe ich mit der alten Gartenschaufel von meinem Papa, die mir mit dem schrillen orangenen Plastikgriff gar nicht gefallen hat. Als sie dann kaputt war, habe ich mir eine hochwertige handgeschmiedete Schaufel mit Holzgriff gegönnt, die mich hoffentlich noch viele Jahre begleiten wird. Wenn du Dinge mit besserer Qualität kaufst, hast du länger etwas davon und ich persönlich freue mich dann auch mehr darüber. Auf lange Sicht sparst du dir Geld, weil billiges Werkzeug oft schneller kaputt geht.

EINMAL KAUFEN – EWIG ERNTEN

Du kannst mehrjährige Kräuter wie Rosmarin, Thymian und Lavendel kaufen und pflegen. So kannst du jedes Jahr ernten, ohne ständig neue Kräuter kaufen zu müssen. Achte auf samenfestes Saatgut, so kannst du im Herbst die Samen der Kräuter ernten und im nächsten Jahr wieder ausbringen und auch mit Freunden Saatgut tauschen. Du kannst Stecklinge schneiden und darüber deine Kräuter vermehren. Kräuter wie Minze oder Melisse kannst du teilen und mit Freunden und Familie tauschen oder sie verschenken. Es gibt zudem die Möglichkeit, über Kleinanzeigen Pflanzen günstig oder geschenkt zu bekommen.

TÖPFE & GEFÄSSE: WIE VIEL PLATZ BRAUCHE ICH?

Oft ist der Platz für die vielen tollen Kräuter, die man pflanzen möchte, zu wenig und man fängt an, „Pflanzentetris" zu spielen. Hier findest du ein paar Tipps, wie du platzsparend gärtnern kannst, um so viel Platz wie möglich zu schaffen.

1 Einzeltöpfe sind flexibel und ideal für individuelle Bedürfnisse.

2 Kleine Töpfe lassen sich hübsch auf Tischen arrangieren.

WIE VIEL PLATZ BRAUCHST DU?

In den vorherigen Kapiteln ging es um die Planung, jetzt überlegst du dir, wie viele Töpfe du brauchst. Im Garten ist meist mehr Platz und du kannst die Kräuter mit viel Abstand zueinander pflanzen, damit sie sich ausbreiten können. Da auf dem Balkon oft weniger Platz zur Verfügung steht, pflanze ich die Kräuter tendenziell etwas enger oder kombiniere niedrige und hohe Pflanzen miteinander, um den Platz optimal zu nutzen. Mir ist wichtiger, mehr Vielfalt auf dem Teller zu haben als große Kräutersträucher. Du kannst das handhaben, wie du möchtest. Wenn du ein absoluter Basilikum-Fan bist, dann bepflanze einen großen Topf komplett nur mit Basilikum. Am Anfang ist es schwierig einzuschätzen, wie viel Platz die Kräuter am Ende tatsächlich ausfüllen. Sollten noch Lücken bestehen, fülle ich diese gerne mit niedrigen essbaren Blumen wie Ringelblumen oder rankender Kapuzinerkresse auf. In ein Kistenbeet mit 40 × 50 cm pflanze ich drei bis fünf verschiedene Kräuter. Du entscheidest, wie es dir am liebsten ist. Da ich Petersilie und Basilikum so gerne esse, habe ich sie auf mehrere Töpfe verteilt. Mir hilft es bei der Planung, wenn ich die Kräuter schonmal auf den Platz stelle, auf den ich sie später pflanzen möchte. So sehe ich, wie viel Platz zwischen den Pflanzen ist. Grob rechne ich mit einem Platz von ca. 20 × 20 cm, das ist jedoch auch abhängig von der jeweiligen Pflanze.

PLATZ SPAREN

Um deinen Platz auf dem Balkon am effektivsten zu nutzen, gibts hier ein paar Tipps. Du kannst deine Töpfe auf Treppen, Regale und Leitern stellen oder sie an dein Balkongeländer hängen. Pflanze mehrere Kräuter in Mischkultur in einen Topf. Eckige sind besser statt runde, denn auch wenn runde Töpfe hübsch sind, kannst du eckige oft enger zusammenstellen. Wenn du deinen Balkongarten auf die Fensterbank ausweitest, kannst du sogar im Winter ernten und Kräuter dort vorziehen. Mit Rankgerüsten lässt sich Kapuzinerkresse nach oben leiten und kann die Wand hochwachsen, um beispielsweise einen essbaren Sichtschutz zu schaffen. Oder du lässt sie an Töpfen oder Balkonkästen außen runterwachsen.

HOCHBEETE

Hochbeete können ziemlich praktisch sein, um Platz zu sparen. Oben ist das Beet und unten hast du ggf. noch Stauraum für Gießkanne und leere Töpfe. Der Vorteil ist zudem die angenehme Höhe zum Gärtnern und Ernten.

VERTIKALE BEETE

Gerade wenn du nicht so viel Platz hast, bieten sich vertikale Lösungen super an. Es gibt schöne Holzbeete, die eng an der Wand stehen können, fast wie Regale. Du kannst Töpfe auf eine Bank stellen und dadurch eine zweite Ebene schaffen, um entweder ebenfalls Töpfe darunterzustellen oder Stauraum zu schaffen. Es gibt auch sogenannte Pflanztürme, sogar auf Rollen, die du rundum bepflanzen kannst. Das vertikale Gärtnern finde ich mit am spannendsten.

HÄNGENDE TÖPFE

Balkongeländer eignen sich super für Balkonkästen. Achte hier darauf, dass es ein sicheres System ist und gut befestigt werden kann. Ich hänge sehr gerne Töpfe an meine Holzwand.

3

4

5

Es gibt auch hübsche Makramee-Flechtungen, in die man Töpfe setzen kann. Dazu gibt es einige Anleitungen im Internet; wichtig ist eine belastbare und wetterfeste Schnur zu verwenden. Oder du nutzt Blumen- oder Kräuterampeln, die von der Decke hängen.

AUF DER FENSTERBANK

Die Fensterbank ist der ideale Platz für die Anzucht und den Anbau von Microgreens wie Sprossen und Kresse. Ich mag besonders Erbsensprossen, die schmecken toll und wachsen sehr schnell und zuverlässig. Basilikum lässt sich ebenso gut auf der Fensterbank halten. Achte darauf, dass genug Licht hinkommt. Wenn du insbesondere in den Wintermonaten zu wenig Licht hast, kannst du mit Pflanzenlampen arbeiten. Auf Krankheiten und Schädlinge musst du besonders achten und zügig reagieren. Ein toller Nebeneffekt an einer grünen Fensterbank ist auch, dass es superschön aussieht.

1 Rollende Beete kannst du verschieben und Hochbeete erleichtern dir das Gärtnern.

2 Vertikales Gärtnern mit hängenden Töpfen – perfekt für Geländer, Zäune oder Wände.

3 Mit einer Pflanzentreppe schaffst du durch weitere Ebenen mehr Platz.

4 So kannst du jeden Platz optimal nutzen: Stelle Pflanztöpfe auch auf Tische oder Bänke.

5 Die Fensterbank erweitert deinen Balkongarten und dient als Anzuchtstation.

WELCHE TOPFGRÖSSE?

Kräuter brauchen zwar weniger Platz als Gemüse, aber es gibt hier wichtige Faustregeln. Ich achte darauf, Kräuter und Gemüse mit ähnlichem Wasser- und Lichtbedarf zusammen zu pflanzen. Hier eine grobe Größenempfehlung, an der du dich orientieren kannst. Anhand der Maße weißt du dann auch, wie viel Platz die Kräuter in einer Mischkultur in etwa einnehmen. In den folgenden Beispielen passt jeweils eine der aufgezählten Kräuterarten in den Topf.

Kleiner Topf

Mit etwa 15–20 cm Durchmesser und ca. 2–3 Liter Erde:
Basilikum, Bärlauch, Bohnenkraut, Currykaut, Dill, Jungfer im Grünen, Kamille, Kerbel, Majoran, Olivenkraut, Oregano, Petersilie, Ringelblume, Rucola, Schnittlauch, Stevia, Thymian, Veilchen, Waldmeister.

Mittlerer Topf

Mit etwa 20–25 cm Durchmesser und ca. 3–5 Liter Erde:
Estragon, Frühlings- & Winterheckenzwiebel, Koriander, Kümmel, Malve, Minze, Petersilie, Salbei, Sauerampfer, Shiso, Ysop, Zitronenmelisse, Zitronenverbene.

Großer Topf

Mit etwa 25–30 cm Durchmesser und ca. 6–8 Liter Erde:
Anis-Ysop, Baldrian, Borretsch, Fenchel, Lavendel, Lorbeer, Monarde, Kapuzinerkresse (kann auch den Topf runter- oder hochranken), Lemongras, Liebstöckel, Rosmarin, Wermut, Zistrose.

1 Mit kleinen Töpfen kannst du Sitzplätze immer neu dekorieren.

2 Auch Rankhilfen lassen sich super mit Topfbeeten kombinieren.

1

2

WELCHES MATERIAL?

Bei der Auswahl der Töpfe kommt es darauf an, was für deinen Balkon gut passt und dir gefällt. Besonders wichtig ist es, das Gewicht im Blick zu behalten, daher sind schwere Beton- und Keramiktöpfe weniger geeignet. Ich mag die Mischung aus Tontöpfen und Holz.

VOR- & NACHTEILE

Tontopf: Atmungsaktiv, schützt vor Staunässe, fördert gesundes Wurzelwachstum. Ist aber schwer und bruchanfällig, trocknet schnell aus und es muss häufiger gegossen werden.
Holzkiste: Natürlich und nachhaltiger, gut belüftet. Aber verrottet schneller und benötigt Pflege.
Plastik: Leicht, bei guter Qualität lange haltbar, speichert die Feuchtigkeit gut. Ist aber weniger atmungsaktiv und nicht so umweltfreundlich.
Filz oder Vlies: Leicht, durchlässig und fördert das Wurzelwachstum. Ist aber wetteranfällig.
Zink: Robust und langlebig. Aber sie überhitzen schnell und sind meist teuer. Günstig auf Flohmärkten zu finden.
Korbgeflecht: Dekorativ, leicht, gut belüftet, jedoch wenig Schutz vor Austrocknung und nicht so langlebig.

Hinten hoher Gewürzfenchel, vorne Breitblatt-Salbei 'Berggarten'

Hübsch und sich gegenseitig unterstützend – Zucchini mit Staudenbasilikum

Rankende Kapuzinerkressen wachsen am Topf runter oder die Wand hoch.

Mischkultur mit Tomate, Schnittlauch, Basilikum, Tagetes und Ringelblume.

ANORDNUNG & KOMBINATION

Mit einer geschickten Anordnung von Kräutern kannst du deinen Platz bestmöglich nutzen und zugleich wunderschöne Kombinationen kreieren.

VON HOCH ZU NIEDRIG

Zitronenverbene und Malve können sehr hoch wachsen. Damit diese großen Kräuter den kleinen nicht das Licht wegnehmen, pflanzt du sie am besten hinten in den Topf. Von hinten nach vorne immer niedriger werdend. Sieh dir als Hilfe die maximale Größe deiner Kräuter an. Bei Töpfen, die von allen Seiten Licht bekommen, pflanze ich auch gerne eine hohe Pflanze in die Mitte und kleinere darumherum.

BODENDECKER & FÜLLPFLANZEN

Wenn Lücken in den Töpfen zwischen den Pflanzen bestehen, fülle ich sie gerne mit niedrig wachsenden Kräutern oder essbaren Blumen auf. Sie wirken dann durch den Schatten, den sie spenden, wie eine Art lebende Mulchschicht und helfen dabei, dass die Erde nicht so schnell austrocknet. Besonders gerne pflanze ich als Lückenfüller Ringelblumen, Kapuzinerkresse und Veilchen. Auch Basilikum und Petersilie zwischen und unter Tomaten, Zucchini und Auberginen sind tolle Füllpflanzen.

HÄNGEND & KLETTERND

Du kannst nicht nur den Platz im Beet nutzen, sondern auch außerhalb. Es gibt ein paar Kräuter und Gemüse, die du an einer Wand oder Rankhilfe hochklettern lassen kannst oder die am Rand gepflanzt, den Topf herunterhängen. Hier gibt es schöne Sorten von rankendem Rosmarin, Kaskadenthymian oder Kapuzinerkresse.

KRÄUTER & GEMÜSE

Besonders gerne mag ich die Mischkultur aus Gemüse und Kräutern. Es gibt so viele tolle Kombinationen, in denen sich Kräuter und Gemüsepflanzen positiv unterstützen. Entweder indem sie Nährstoffe austauschen, Nützlinge anlocken oder Schädlinge vertreiben. Ich habe dir auf Seite 33 meine liebsten Pflanzenfreunde aufgelistet.

Mein Tipp

Schau in Gartenbüchern, Blogs und Zeitschriften auf Kombinationen und Anordnungen, lass dich inspirieren und notiere, was dir gefällt in dein Gartentagebuch.

WIEDERHOLUNGEN, STRUKTUR & GRÜPPCHEN

Meine Art zu pflanzen ist ein organisiertes Chaos mit sich wiederholenden Pflanzmustern. Ich orientiere mich am liebsten an der Natur. Auf den ersten Blick wächst alles kreuz und quer, aber bei genauerer Betrachtung fällt auf, dass vieles in sich wiederholenden Mustern und in kleinen Grüppchen wächst. Diese Wiederholungen wirken sehr harmonisch für unsere Augen. Auf meinem Balkon wiederhole ich daher Pflanzen, Strukturen und Farben. So habe ich beispielsweise das lila blühende Eisenkraut und den gelb blühenden Gewürzfenchel (Foto unten links) in mehreren Töpfen. Das bringt gleichzeitig eine schöne Struktur zum Gesamtbild und wirkt sehr stimmig. Mit Wiederholungen und einer ausgewählten Farbpalette erschaffe ich ein „organisiertes" Chaos, in dem ich versuche, die Natur nachzuempfinden. Alles fügt sich in ein schönes Gesamtbild und ist jedes Jahr wieder komplett anders und neu.

SCHÖNE FARBKOMBINATIONEN

Für meinen Balkongarten habe ich mir ein grobes Farbschema überlegt. Beim Spazieren in der Natur, in Gartenbüchern oder online findet man viele Inspirationen. Finde heraus, was dich am meisten anspricht. Mir gefällt vor allem kräftiges Violett, zartes Rosa und leuchtendes Weiß. Akzente setze ich gerne mit Gelb in Form von Fenchel-, Zucchini- oder Tagetesblüten. Orange und Rot findet man bei mir eher selten. Kräuter gibt es zum Teil mit verschiedenen Blatt- und Blütenfarben. Wie bei allem, bin ich auch hier nicht zu streng, eine Farbpalette gibt mir nur eine gewisse Orientierung und es fällt mir dadurch leichter, Entscheidungen zu treffen. Schau dir an, was dir gefällt und tob dich aus auf deiner eigenen grünen Leinwand. Hier eine Auswahl an Kräutern mit entsprechender Blütenfarbe.

Weiße Sorten

Bärlauch, Schnittlauch 'Corsican White', Schnittknoblauch, Weiße Melisse, Waldmeister, Kamille, Ringelblume 'Snow Princess', Kapuzinerkresse 'Milkmaide', Kornblume, Jungfer im Grünen, Moschus-Malve 'Alba', Kosmee 'Double Dutch White', Steppensalbei 'Schneehügel', Wiesensalbei 'Swan Lake', Lavendel 'Nana Alba', Winterheckenzwiebel, Basilikum, Borretsch 'Martha', Berg-Bohnenkraut, Monarde 'Schneewittchen'.

Gelb & Hellgrün

Würztagetes (Yauhtli oder Lumo), Goldoregano, Goldthymian, Salbei 'Icternia' Gewürzfenchel, Bronzefenchel, Frauenmantel, Königskerze, Rucola, Johanniskraut, Currykraut, Gelbe Färberkamille, Ringelblume, Klebriger Salbei, Kapuzinerkresse, Kanarische Kresse, Rainfarn.

Orange & Rot

Ringelblume, Duftnessel 'Apricot Sprite', Kapuzinerkresse, Ananassalbei, Strauchsalbei 'Royal Bumble', Kleiner Wiesenknopf (Pimpinelle), Rote Monarde, Blutampfer, Tagetes, *Cosmos sulphureus,* Rote Melde.

Rosa & Pink

Schnittlauch, Schnittknoblauch, Fruchtsalbei, Wilde Malve, Rosenmalve, Kosmee, Pfefferminze, Hopfenoregano, Oregano, Rosa Monarde, Bohnenkraut, Thai-Basilikum, Indisches Basilikum (Tulsi), Staudenbasilikum, Shisho, Bergminze, Muskateller-Salbei, Zitronenverbene.

Violett & Blau

Eisenkraut *(Verbena bonariensis),* Salbei, Wiesensalbei, Thymian, Rosmarin, Lavendel, Schopflavendel, Erbsen ('Blauschocker'), Pfeffersalbei (Hummelschaukel), Mönchspfeffer, Anis-Ysop, Ysop, Minze, Kornblume, Jungfer im Grünen, Borretsch, Strauchborretsch, Blauer Waldmeister, Veilchen.

INDISCHES BASILIKUM
Mehrjährig, nicht winterhart

WEISSE MELISSE
Mehrjährig

PETERSILIE IN BLÜTE
Zweijährig

APFELMINZE
Mehrjährig

EINJÄHRIG & MEHRJÄHRIG

Kräuter lassen sich in einjährige und mehrjährige Pflanzen unterteilen. Also Kräuter, die man jedes Jahr neu aussät, und Kräuter, die winterhart sind und aus der Wurzel jedes Jahr wieder austreiben. Ich teile meine Beete gerne in einjährig und mehrjährig auf. So kann ich im Folgejahr leichter die einjährigen Beete mit neuer Erde aufbereiten und entspannt neu bepflanzen, ohne auf mehrjährige Kräuter im Beet achten zu müssen. Das erleichtert mir das Arbeiten in den Töpfen.

EINJÄHRIG

Einjährige Kräuter und Blumen wie Dill, Kapuzinerkresse, Ringelblumen und Kosmee müssen jedes Jahr neu ausgesät werden. Sie würden den Winter nicht überstehen. Der Vorteil dabei ist, dass man jedes Jahr neue Sorten ausprobieren und so seine Lieblinge entdecken kann. Staudenbasilikum ist zwar mehrjährig, überlebt jedoch den Winter in unseren Breiten nicht. Er kann in einem Gewächshaus oder drinnen überwintern, aber das ist aufwendig. Leichter ist es, ihn im Frühjahr neu auszusäen oder Pflanzen zu kaufen.

MEHRJÄHRIG

Einmal pflanzen, lange ernten! Mehrjährige Kräuter wie Rosmarin, Thymian und Salbei können, einmal gesetzt, jahrelang geerntet werden. Schnittlauch und Schnittknoblauch ziehen sich im Winter in die Erde zurück und treiben im Frühjahr neu aus. Auch Schnittsellerie, Liebstöckel, Minze und Melisse können über den Winter in den Beeten bleiben. Manche brauchen einen Winterschutz, aber dazu mehr im Kapitel „Kräuter im Winter“ auf Seite 80. Besonders empfindlich sind Zitronenverbene und Lorbeer, diese daher am besten drinnen überwintern. Damit mehrjährige Kräuter vital bleiben, kannst du sie alle paar Jahre durch Teilen verjüngen, aber dazu später mehr auf Seite 59.

ZWEIJÄHRIG

Petersilie ist zweijährig, das heißt, sie bildet im ersten Jahr Blätter und im zweiten Jahr beginnt sie zu blühen. Im Fall der Petersilie wird sie leicht giftig, weshalb sie nicht mehr gegessen werden sollte. Du kannst sie allerdings blühen lassen und die Samen sammeln. Ich behandle sie wie einjährige Kräuter und setze sie im April/Mai neu. Über den Winter kann man sie in geschützten Töpfen ernten und hat Petersilie so das ganze Jahr.

Mein Tipp

Kombiniere Einjährige mit Einjährigen und Mehrjährige mit Mehrjährigen. So fällt dir das Pflanzen und Aufbereiten der Töpfe im Folgejahr leichter.

KRÄUTER & GEMÜSE KOMBINIEREN

Kräuter und Gemüse können sich gegenseitig unterstützen. Die Superkraft der Kräuter reicht von Schädlingen verjagen über Nützlinge anlocken und Boden verbessern. Eine absolute Bereicherung für das Gemüsebeet, und ich erzähle dir gerne, warum das so ist.

MISCHKULTUR STATT MONOKULTUR

Kräuter mit Gemüse zu kombinieren sieht nicht nur wunderschön aus, sondern bietet einige Vorteile. Wie in einer bunten Gesellschaft bereichert erst die Vielfalt von unterschiedlichen Pflanzen ein Beet. Jede Pflanze bringt ihre eigenen Fähigkeiten und Bedürfnisse mit, sie leben wie in der Natur in Symbiose. Starkzehrende Gemüsepflanzen wurzeln tief und holen Nährstoffe aus unteren Bodenschichten, während die Kräuter meist flachwurzelnd Nährstoffe oberhalb ziehen. Mit ihrem Stoffwechsel werden Stoffe abgegeben, die dem Bodenleben und anderen Pflanzen zugutekommen können, wie ein natürlicher Dünger. Das kann sogar so weit führen, dass sich der Geschmack verbessert. Kräuter als Bodendecker unterdrücken Unkräuter und stabilisieren den Boden. Sie spenden Schatten und das schützt auch vor Austrocknung.

1
Gute Beetnachbarn: Petersilie wächst platzsparend neben Aubergine

2
Schöne Farbkombination mit Aubergine, rotem Basilikum und Shiso

Ätherische Öle der Kräuter verströmen einen Duft, der Schädlinge vertreiben und Nützlinge anlocken kann. Geschickt im Kübel miteinander kombiniert, eine wahrhaft fruchtbare Freundschaft.

1
Mischkultur: Tagetes, Tomate, Schnittlauch, Kamille & Strauchbasilikum

2
Dreamteam: Aubergine und Petersilie

PFLANZEN HELFEN PFLANZEN

Ich habe dir erzählt, welche positiven Effekte eine Mischkultur haben kann, jetzt zeige ich dir ein paar Kräuter, die besonders gut mit anderen Pflanzen harmonieren. Manche bringen echte „Superkräfte" mit.

Salbei und Thymian wehren Kohlweißlinge ab, daher machen sie sich super neben Kohlsorten. Schnecken mögen den Geruch auch nicht. **Rosmarin** vertreibt ebenfalls Kohlweißlinge und zusätzlich Möhrenfliegen. **Bohnenkraut** passt, wie der Name schon sagt, perfekt zu Bohnen, verbessert deren Geschmack und vertreibt die Schwarze Bohnenlaus. Zudem passen sie auch im Kochtopf gut zusammen. **Minze** mögen Kohlweißlinge, Schnecken und Erdflöhe gar nicht. **Dill** ist besonders beliebt bei den nützlichen Schwebfliegen, deren Larven Blattläuse fressen. Er kann sogar die Keimfähigkeit von anderen Saaten verbessern. **Basilikum** hilft gegen Mehltau und Weiße Fliege, daher wächst es bei mir neben Zucchini und Tomate. Auch Kohlweißlinge mögen den Basilikumgeruch nicht, dessen Blüten kleine Bestäuber wie Wildbienen anlocken. Spinnmilben hassen **Schnittlauch und Schnittknoblauch,** die beide ebenso gegen Bakterienkrankheiten helfen und vor Grauschimmel und Mehltau schützen. **Kamille** kann gegen Pilzkrankheiten helfen und soll den Geschmack von Tomaten intensivieren. Sie zieht Blattläuse an und hält sie so von anderen Pflanzen fern. Ameisen sagt man nach, dass sie keinen **Lavendel** mögen, auf jeden Fall locken die Blüten einige Bestäuber an. Mücken mögen den Geruch ebenfalls nicht, also ideal für den Sommerbalkon.

Diese Eigenschaften sind keine Garantie dafür, dass dein Balkon schädlings- und krankheitsfrei bleibt, aber Kräuter können einen Beitrag dazu leisten, diesen Problemen vorzubeugen und einzudämmen und ein ökologisches Gleichgewicht zu schaffen. Kräuter haben oft einen positiven Effekt auf Balkongemüse!

KRÄUTER-GEMÜSE-KOMBINATIONEN

1 Tomaten mögen besonders die Gesellschaft von Basilikum, Kamille, Schnittlauch, Ringelblume und Tagetes.
2 Aubergine passt super zu Petersilie, Basilikum und Ringelblume.
3 Zucchini wächst bei mir im Verbund mit Strauchbasilikum, Kamille und Ringelblume.
4 Bohnen und Bohnenkraut sind ein Dreamteam, nicht nur auf dem Teller. Dazu passen außerdem Kapuzinerkresse oder Ringelblumen.
5 Gurke geht bei mir nicht ohne Dill, Ringelblumen und der nach Gurken schmeckende Borretsch.
6 Erdbeeren wachsen sehr gut mit dem Schutz von Schnittlauch oder Schnittknoblauch.
7 Kohlsorten mit Kapuzinerkresse gegen Kohlweißlinge am Kohl, Basilikum gegen Mehltau, Schnittsellerie und Schnittlauch vertreiben den Kohlweißling.
8 Salat mit Dill, Borretsch und Veilchen.
9 Zu Chili & Paprika passen gut Petersilie, Basilikum, Borretsch, Kapuzinerkresse, Ringelblume, Schnittlauch und Tagetes.
10 Kartoffeln mögen Kapuzinerkresse, Gewürzfenchel, Ringelblume, Tagetes, Kümmel und Borretsch.

1

2

3

ESSBARE BLÜTEN

Kräuterblüten sind besonders schmackhaft und dekorativ. Einzig die Petersilie solltest du nicht mehr essen, sobald sie blüht, da sie leicht giftig wird. Besonders mag ich die Blüten des Basilikums, gerade die vom Strauchbasilikum. Die Blüten von Rucola, Radieschen, Schnittlauch und Schnittknoblauch sind geschmacklich ebenfalls hervorragend. Ich lasse auch gerne Kohlrabi und Kohl über den Winter stehen, dann blühen sie im Frühjahr wunderschön und sind eine der ersten Futterquellen für Insekten und superleckere essbare Blüten.

Kosmee

Das Schmuckkörbchen gibt es in den verschiedensten Farben. Durch pinzieren bekommt es mehr Blüten. Pinzieren bedeutet, den oberen Haupttrieb zu schneiden, um neue Seitentriebe zu fördern. Dazu gibt es online einige Videos. Die Blüten locken viele Insekten an. Es ist besonders schön in der Vase und in einem Kräuterstrauß. Die essbaren Blüten machen sich toll im Salat oder der Kräuterbutter.

Borretsch

Lockt mit seinen blauen Blüten Bestäuber an und gibt an den Boden Saponine ab, die von anderen Pflanzen wie Gurke, Zucchini und Kohl dankend angenommen werden. Die jungen Blätter schmecken herrlich nach Gurke und sind super im Salat. Er wuchert ziemlich, daher schneide ich ihn regelmäßig. Mit den leckeren und essbaren Blüten lassen sich wunderbar Gerichte dekorieren.

Duftveilchen & Hornveilchen

Pflanze ich gerne als Bodendecker und Lückenfüller, auch an schattigen Plätzen fühlen sie sich wohl. Der Vorteil ist auch, dass manche mehrjährig sind. Sie blühen recht früh und bieten so schon im Frühjahr Nektar für Insekten. Die

4

6

5

1 Kosmee

2 Borretsch

3 Duftveilchen

4 Ringelblumen

5 Kapuzinerkresse 'Milkmaide'

6 Yauhtli

Blüten schmecken sehr fein, der Klassiker sind kandierte Veilchen. Beliebt sind sie in Salaten und besonders schön als Deko auf einem Kuchen. Verwelkte Blüten immer abknipsen. Nach der ersten Blüte können sie zurückgeschnitten werden, dann gibts im Herbst eine zweite Blüte.

Ringelblume

Ist sehr vielseitig und wertvoll für andere Pflanzen. Sie schützt vor Nematoden, hat eine positive Wirkung auf die Wurzelbildung anderer und aktiviert das Bodenleben. Sie passt zu allen Gemüsen und Kräutern, du kannst sie also überall dazu pflanzen. Es gibt sie in tollen Farben. Die Blüten sind hübsch in Teemischungen, als Deko und sie ist eine großartige Heilpflanze.

Kapuzinerkresse

Diese wunderschönen Blüten schmecken wie Kresse, fein-scharf. Sehr dekorativ und schmackhaft sind ebenso die Blätter. Die Blütenknospen lassen sich wie Kapern einlegen. Es gibt rankende und nicht rankende Sorten und verschiedenste Blühfarben im Gelb-Rot-Bereich. In der Sonne bilden sie mehr Blüten, im Schatten mehr Blätter. Du kannst die rankende Sorte den Topf runter wachsen oder eine Wand nach oben klettern lassen.

Tagetes

Riechen sehr intensiv, nicht jeder mag den Duft, so geht es allerdings auch vielen Schädlingen. Ich mag Yauhtli (Würztagetes), die in Mexiko eine beliebte Teepflanze ist. Wie die Ringelblume, hält sie Nematoden fern, aber auch Weiße Fliege und Blattläuse. Da sie ebenso die Bodengesundheit fördert, wird sie gerne neben Gemüsen wie der Tomate gepflanzt.

„Eine essbare, duftende und blühende
Dachbegrünung ist nicht nur für dich eine
Bereicherung, sondern auch für Wildbienen,
Schwebfliegen und Schmetterlinge."
1

2

1
Schnittlauch ist besonders beliebt bei Wildbienenarten.

2
Wiesensalbei wird gerne von Hummeln & Schmetterlingen besucht.

KRÄUTER ALS DACHBEGRÜNUNG

Wunderschön, ein Buffet für Wildbienen und Schmetterlinge und sogar essbar. Kräuter als Dachbegrünung haben einige Vorteile. Einmal eingepflanzt, samen sie sich weiter aus und begrünen dein ganzes Dach. Anfangs die Kräuter ordentlich wässern, bis sie gut angewachsen sind. Hier verrate ich dir, welche Kräuter besonders geeignet sind.

Wiesensalbei

Ein absoluter Hummelmagnet mit wunderschönen blauen Blüten. Es gibt ihn auch in Weiß und Rosa. Im Sommer nach der ersten Blüte schneide ich sie ab und dann kommt eine zweite Blüte. Du kannst die feinen Blätter und vor allem die hübschen Blüten essen.

Thymian

Gibt es in den verschiedensten Sorten, auch sehr niedrig wachsende und solche, die sich wie ein Teppich über die Fläche verteilen. Der Thymian ist wunderschön, wenn er blüht, dann summt und brummt es immer im Kübel. Er ist besonders lecker in mediterranen Gerichten.

Oregano – Wilder Dost

Bei mir kam er ganz von allein. Mittlerweile habe ich Wilden Dost und weitere Oreganosorten überall. Er blüht wunderschön und lange, so bietet er vielen Insekten Nahrung. Ich lasse die Blütenstände über den Winter für die Insekten stehen und schneide sie erst wieder im Frühjahr.

Bergminze

Kaum eine andere Pflanze auf meinem Balkon wird so sehr von Wildbienen und Schmetterlingen besucht. Die wunderschönen filigranen Blütenstängel sehen auch im Winter schön aus und bieten einen Unterschlupf. Er hat einen sehr feinen Geschmack nach Minze, sehr mild.

Schnittlauch

Hat sich bei mir von allein auf dem ganzen Dach verteilt. Vor allem Hummeln und Bienen lieben die Blüten. Sie sehen wunderschön aus und du kannst ihn nach der ersten Blüte komplett runterschneiden, so gibt es eine zweite.

MOTIVATION & ROUTINEN

Aber ist das nicht wahnsinnig viel Arbeit? Das werde ich oft gefragt und darauf habe ich eine einfache Antwort: „Nein!“ Du kannst dir deinen Balkon so gestalten, wie du es möchtest, mit einem oder zehn Balkonkästen. In erster Linie ist es ein Hobby und sollte dir Spaß machen. Die größte Motivation ist es, zu sehen, wie alles wächst, um dann mit den frischen Kräutern zu kochen. Sich mit einer Tasse Kaffee und einem guten Buch zwischen die duftenden Kräuter zu setzen und zu entspannen. Ich arbeite in einem Vollzeitjob und da bleibt nicht viel Zeit. Ich versuche, mir die Aufgaben in kleine Tätigkeiten aufzuteilen und verwende in der Regel etwa 30–60 Minuten die Woche. Im Frühjahr und Herbst kommt dann mal ein größerer Block dazu für Beetvorbereitung, Anzucht und Einpflanzen.

Zu meinen liebsten Routinen gehört es, täglich mit meiner ersten Tasse Kaffee über den Balkon zu schlendern und einfach zu beobachten. Bewusst wahrzunehmen, wie alles wächst und welche Tiere zu Besuch kommen. Danach gibts eine Gießrunde. Fürs Mittag- und Abendessen kann ich täglich frische Kräuter ernten.

Natürlich gibt es auch Zeiten, in denen ich gestresst bin, dann kommt es vor, dass ich keinen Fuß auf den Balkon setze. Das ist völlig in Ordnung! Ich mache mir da schon lange keinen Druck mehr, das Gärtnern ist nicht meine Pflicht, sondern etwas, das mir Spaß macht. Ich finde es wahnsinnig motivierend, den Lauf der Jahreszeiten so nah zu erleben. Im Kontrast zum Bürojob tut mir das richtig gut. Die Arbeit mit den Händen und das Erschaffen und Gestalten gibt mir eine unfassbare Zufriedenheit. Der grüne Balkon und die tierischen Besucher machen mich einfach glücklich.

SITZPLÄTZE SCHAFFEN

Jeder Sitzplatz hat eine andere Stimmung, ein anderes Licht und „Gefühl". Ich habe mich dabei ertappt, so viele Sitzgelegenheiten wie möglich auf meinem Balkon zu schaffen und liebe jede einzelne davon.

1 Eine grüne Oase zum Entspannen.

2 Fritzi genießt den Balkon.

Mama hat immer überall Sitzplätze aufgestellt. Als Kind habe ich das nie verstanden, ich fand es ziemlich nervig, weil überall Kissen verteilt waren, die bei Regen alle rein mussten. „Schnell, es regnet, die Sitzkissen!“ Heute verstehe ich es.

WENIG PLATZ

Natürlich ist selten Platz für viele Sitzplätze. Daher habe ich auch faltbare Stühle stehen, die leicht sind und die ich schnell auf- und abbauen oder von A nach B tragen kann. So kann ich meinen Sitzplatz nach der Sonne ausrichten oder zu der Pflanze, die ich beobachten möchte. Im Frühling in der Sonne sitzen und im Hochsommer den wohltuenden Schattenplatz genießen.

PAUSEN GENIESSEN

Es ist so wichtig, dass du dir Pausen nimmst, um deinen Balkon bewusst zu genießen, ob allein oder mit Freunden und Familie. Es ist nichts motivierender als auf dem grünen Balkon zu entspannen. Ich lese auch unheimlich gerne hier oder zeichne die Pflanzen und Tiere in mein Nature Journal.

BEOBACHTEN

Ich sitze so gerne neben den blühenden Kräutern und beobachte, wie Bienen, Hummeln und Schmetterlinge abwechselnd die Blüten anfliegen. Auch Rotkehlchen, Meisen, der Specht und das Eichhörnchen kommen zu Besuch. Ich könnte Stunden lang dort sitzen und einfach nur zusehen und beobachten.

BEETE ANLEGEN

WERKZEUGE UND HILFSMITTEL

Es gibt ein paar Dinge, die dir das Gärtnern auf dem Balkon erleichtern können. Von der klassischen Gartenschere und der praktischen Ballbrause bis hin zum einfachen Esslöffel. Auf den folgenden Seiten findest du meine liebsten Helfer für den Balkongarten.

1 Alles fürs Gärtnern „to go“

2 Gartenschaufel, Erdpresse, Handschuhe, Beschriftung & Gießkanne

WERKZEUG LAGERN

Ich schaue, dass ich all mein Werkzeug an einem Platz und drinnen aufbewahre. Immer griffbereit und ohne, dass ich es lange suchen muss. Da ich so Hürden aus dem Weg schaffe, erleichtert es mir die Gartenarbeit. Alles Wichtige habe ich in einem „Werkzeugeimer“, mit einem Handgriff sind Schaufel, Schere oder Handschuhe am Start. Wichtig ist auch, nach getaner Arbeit alles wieder an seinen festen Platz zurückzuräumen. Seitdem ich das so handhabe, suche ich nicht mehr verzweifelt nach meinem Werkzeug und spare mir dadurch Zeit und Ärger.

PFLANZMATTE

Eine Decke oder Pflanzmatte hat mir das Arbeiten total erleichtert. Ich breite sie vor dem Pflanzen auf dem Balkon oder dem Zimmer aus und kann dann so viel Sauerei machen, wie ich möchte und muss nicht die ganze Zeit darauf achten, dass mir beim Pflanzen Erde danebenfällt. Danach schüttle ich die Pflanzmatte einfach aus und habe einen sauberen Arbeitsplatz.

TABLETT & EIMER

Wenn ich etwas Kleines umtopfen möchte oder die Töpfe für die Anzucht befülle, stelle ich alles auf ein Tablett oder in einen Eimer und kann so entspannt die Erde auffüllen, ohne dass etwas danebengeht. Einen Eimer oder eine leichte Filztasche nutze ich gerne, um alte Erde aus den Töpfen mit frischer zu vermischen, um sie dann wieder auszubringen oder um generell Erde zu mischen.

1

2

BALLBRAUSE

Eine Ballbrause ist super, um die Anzucht zu gießen. Durch den sanften Wasserstrahl werden die Samen nicht davongeschwemmt. Das war eines meiner besten Anschaffungen, denn Ballbrausen sind nicht teuer und es gibt sie mittlerweile in hübschen Farben.

ANZUCHTPLATTEN & ERDPRESSE

Ich nutze gerne Multi-Topfplatten für die Anzucht, obwohl sie aus Plastik sind. Wenn man hochwertige kauft, sie nach der Anzucht säubert und drinnen aufbewahrt, halten sie ewig. Es gibt sie allerdings auch aus Naturkautschuk.

Eine Erdpresse ist eine gute Sache, damit kannst du dir deine eigenen Erdpresstöpfchen herstellen. Auch Anzuchtschalen oder einfache Holzkisten verwende ich gerne für die Aussaat auf der Fensterbank.

BESCHRIFTUNGEN

Eine der wichtigsten Sachen ist, die Anzucht zu beschriften. Wie oft habe ich geglaubt, das merke ich mir schon und habe es dann doch vergessen. Vor Jahren habe ich mir Pflanzenschilder aus Plastik für die Anzucht geholt und beschrifte sie seitdem mit Bleistift, denn dann kann ich sie immer wiederverwenden. Am liebsten schnitze ich mir allerdings die Beschriftungsstöckchen selbst, die sehen einfach toll aus. Dazu schneide ich schmale Stöcke auf 20 cm Länge und schnitze den oberen Teil schräg ab, sodass ich auf die blanke Fläche mit einem wasserfesten Filzstift oder weichem Bleistift (B2) den Namen der Anzucht schreiben kann. Die Stöcke kann man auch super verwenden, um Aussaatlöcher zu stechen und sie dann wieder zu bedecken oder um sie zu pikieren. Sie halten meist 2–3 Jahre. Bonus-Tipp: Ein Taschenmesser ist ebenfalls goldwert, ob zum Schnitzen oder Ernten.

LÖFFEL & GABEL

In meiner Werkzeugkiste habe ich ebenfalls Esslöffel, Gabel und Essstäbchen. Die verwende ich sogar mit am häufigsten. Mit dem Esslöffel hebe

3

4

1 Sanft und gezielt gießen mit der praktischen Ballbrause.

2 DIY-Schild aus Ästen – geschnitzt und wetterfest beschriftet

3 Erdpresse für eigene Anzuchttöpfchen

4 Immer griffbereit: scharfe und saubere Gartenschere

ich kleine Pflanzlöcher aus, pikiere meine Anzucht oder mische Langzeitdünger in ein Pflanzloch. Perfekt, um zwischendurch die Erde um die Kräuter herum aufzulockern und die Wasseraufnahme des Bodens dadurch zu verbessern. Mit der Gabel pikiere ich und lockere den Wurzelballen auf. Das Essstäbchen eignet sich super, um Löcher für das Saatgut zu machen oder ebenfalls zum Pikieren.

GARTENSCHAUFEL

Eine gute Gartenschaufel ist das A und O. Sie sollte gut in der Hand liegen und der Griff sich angenehm anfühlen. Achte auf hohe Qualität, im besten Fall hast du sie ein Leben lang. Ich habe einen alten Handbesen, mit der ich sie regelmäßig abbürste, damit keine nasse Erde daran kleben bleibt. Im Herbst, bevor ich sie dann in die Winterpause schicke, pflege ich sie nochmal. Ich mache sie sauber, öle Holzgriff und Metall mit etwas Leinöl oder Ballistol ein, reibe sie wieder trocken und verstaue sie in meiner Werkzeugkiste.

GARTENSCHERE

Eine gute und scharfe Gartenschere ist ein Muss für frustfreies Gärtnern. Achte darauf, dass du nur Pflanzenteile damit schneidest und keinen Draht oder Ähnliches. Auch hier gilt, lieber hochwertig und dafür einmal kaufen. Manche Gartenscheren kannst du komplett zerlegen und neu schleifen oder schleifen lassen.

Nach dem Schneiden von Pflanzenteilen klebt meist Pflanzensaft daran, diesen kannst du mit Wasser abspülen. Wichtig dabei ist, die Schere gleich gut abzutrocknen, damit sie nicht rostet. Für den Winter reinige ich die Schere gründlich, trockne sie und öle die Messer ein. Auf die Feder gebe ich etwas Schmieröl wie Ballistol, damit sie wieder geschmeidig wird. Sollte sie einmal schwerfällig gehen, kannst du diese Pflege auch zwischendurch machen.

SOILMATES: WELCHE ERDE BRAUCHE ICH WIRKLICH?

Das Angebot von speziellen Erden kann ziemlich überfordern. Pflanzen haben zwar unterschiedliche Ansprüche, dafür reichen allerdings in der Regel drei verschiedene Substrate. Eine Kräuter-/Anzuchterde, eine Gemüseerde und eine mediterrane Erde.

Anzucht & Kräutererde

Für die Pflanzenanzucht und für schwachzehrende Kräuter braucht man eine nährstoffärmere Erde. Sie bietet den Samen optimale Bedingungen für die Keimung und das Wachstum. Die Erde ist locker und luftdurchlässig. Kräuter wachsen in dieser Erde oft buschiger, kräftiger und sind aromatischer. Manche Kräuter wie Petersilie und Schnittlauch sind Mittelzehrer, sie vertragen mehr Nährstoffe. Bei der Pflanzung mische ich hier die Kräutererde 50/50 mit Gemüseerde und gebe noch etwas Langzeitdünger oder Kompost dazu.

Gemüseerde

Diese Erde ist hauptsächlich für nährstoffreiche Kräuter- und Gemüsepflanzen geeignet. Hier ist es wichtig, darauf zu achten, dass es eine torffreie Erde ist! Torf ist zwar ein effektiver Inhaltsstoff, dafür werden aber wertvolle und artenreiche Moore zerstört. Wusstest du, dass Moore mit am meisten CO_2 binden und somit besonders wichtig sind für den Klimaschutz?

Mediterrane Erde

Mediterrane Kräuter wachsen in der Mittelmeergegend oft auf kargen Steinböden und mögen besonders gerne durchlässige und lockere Erde. Staunässe mögen sie gar nicht. In mediterraner Erde ist oft Ton und Sand untergemischt. Die Erde ist nährstoffärmer, das fördert unter anderem ein intensiveres Aroma. Du kannst auch Dachgartensubstrat verwenden, dieses ist genauso geeignet und oft günstiger.

Urgesteinsmehl

Es besteht aus gemahlenem Vulkangestein und enthält viele Mineralstoffe und Spurenelemente. Durch die Zugabe zum Substrat oder im Kompost wird das Bodenleben aktiviert, während des Gärprozesses von Jauchen unterbindet es stinkende Gerüche und im Komposthaufen Feuchtigkeit. Außerdem kann es zu einer verbesserten Bodenstruktur beitragen. Ich arbeite es im Frühjahr immer in die Erde ein, gebe ca. 1 EL in jedes Pflanzloch und vermische es mit dem Löffel, bevor ich die Pflanze ins Loch setze.

Upcycling – was machen mit „alter“ Erde?

Wenn du deine Töpfe vom Vorjahr neu bepflanzen möchtest, musst du nicht die komplette Erde austauschen. Ich bereite sie einfach auf, das spart Geld und Schlepperei. Dazu gebe ich die alte Erde in eine Zinkwanne oder in einen Eimer, steche sie mit einer Schaufel gut durch und sammle die groben Pflanzenteile und Wurzelballen raus. Dann gebe ich ein Drittel frische Erde, etwa 5 % Urgesteinsmehl, ggf. etwas Langzeitdünger wie Hornspäne oder Klee-Pellets dazu und mische alles kräftig durch. Jetzt kann die Erde zurück in den Topf und ist bereit für die neue Bepflanzung.

Mein Tipp

Hochwertige Erde ist etwa 12 Monate „haltbar“, du kannst sie also im Folgejahr noch verwenden. Bei richtiger Lagerung, also kühl und dunkel. Für Stark- und Mittelzehrer würde ich sie nochmal mit etwas Dünger anreichern.

Das brauchst du

Gärtnervlies mit Büchern beschweren

Gärtnervlies antackern

Löcher vorbohren

Rollen dranschrauben

Rollendes Kistenbeet bepflanzen

DIY: KISTENBEET MIT ROLLEN

Seit etwa 4 Jahren habe ich Kistenbeete mit Rollen und finde sie ziemlich praktisch. Die Rollen ermöglichen es mir, flexibel auf wechselnde Wetterereignisse und Sonneneinstrahlung zu reagieren. Ich habe sie unbehandelt gelassen, dann vergraut das Holz. Bis auf kleine Reparaturen sind sie noch vollkommen in Ordnung. Sie halten etwa 4–5 Jahre, du kannst sie allerdings auch wetterfest streichen, dann hast du noch länger etwas davon.

DU BRAUCHST

Material

— Eine Gemüse-/Weinkiste 40 cm x 50 cm
— Multiplexplatte 40 cm x 50 cm, Dicke: ca. 9 mm (optional)
— 4 Rollen (Möbelrollen aus Kunststoff/Gummi)
— 16 Schrauben
— Pflanzvlies/Unkrautvlies (schwarz oder beige)

Werkzeug

— Akkuschrauber
— Handtacker (für Holz/Stoff)
— Bohrmaschine
— Bleistift

Mein Tipp
Ab Seite 94 zeige ich dir Ideen für vier Musterbeete.

SCHRITT 1

Zunächst legst du das Vlies in die Kiste, beschwerst es an allen vier Ecken mit je einem Buch und schneidest es großzügig ab, sodass es etwa 5 cm über den Rand steht. Dann kannst du es an der unteren Hälfte der letzten Holzstrebe befestigen, indem du das überstehende Vlies nach hinten umschlägst und es alle 10 cm rundum festtackerst.

SCHRITT 2

Drehe die Kiste um. Wenn du eine Multiplexplatte für mehr Stabilität drunterschrauben möchtest, bohrst du noch an jeder Ecke ein Loch vor und schraubst die Platte fest. Achte auf die Holzstreben an den Ecken der Kiste, dort kannst du sie gut mit der Platte verschrauben.

SCHRITT 3

Platziere nun die vier Rollen dort an den vier Ecken und markiere mit einem Bleistift die vier Bohrlöcher. Lege die Rollen beiseite und bohre kurz die Löcher vor. Lege die Rollen wieder drauf und schraube sie fest.

SCHRITT 4

Jetzt kannst du die Kiste befüllen. Ich gebe zuerst eine 3–5 cm hohe Drainage z. B. aus leichtem Blähton hinein, schneide dann ein Stück Pflanzenvlies zurecht und lege es darauf. Dann kommt die gewünschte Erde rein und du kannst loslegen mit dem Pflanzen, siehe Seite 63!

PFLANZEN & PFLEGEN

WIE KOMME ICH AN KRÄUTER-PFLANZEN?

Über die Jahre habe ich rausgefunden, wo ich die besten Kräuter herbekomme. Was sich gut aussäen lässt und welche Kräuter man besser in der Gärtnerei kaufen sollte. Worauf ich dabei achte, teile ich mit dir auf den nächsten Seiten.

1 Praktischer Pflanztisch für bequemes Gärtnern

2 Frische Kräuter vom Bio-Gärtner bereit fürs Beet

WOHER BEKOMMST DU GUTE KRÄUTER?

Es gibt verschiedene Möglichkeiten, an Kräuter zu kommen. Du kannst sie aussäen, sie als Pflanze kaufen, aus Stecklingen ziehen oder Pflanzen teilen. Für jedes Kraut gibt es eine Methode, die sich besonders gut eignet. Mediterrane Kräuter sind meist schwieriger selbst auszusäen, diese würde ich als Pflanze kaufen oder über Stecklinge vermehren. Die Aussaat von Basilikum, Petersilie, Rucola und essbaren Blüten klappt super. Minze und Schnittlauch lassen sich gut vermehren, indem du den Wurzelballen teilst. So kann man sie toll mit Gartenfreunden tauschen.

KRÄUTER KAUFEN

Am liebsten kaufe ich Kräuter in der Gärtnerei, die haben besonders schöne und kräftige Pflanzen. Ich achte darauf, dass sie Bio und damit ungespritzt sind. Da ich sie in die Beete pflanzen und essen möchte, ist mir das wichtig. Auch die Insekten möchte ich vor Gift schützen. Beim Kauf sehe ich mir die Pflanzen ganz genau an, schaue unter die Blätter, um zu checken, ob die Pflanze frei von Schädlingen und Krankheiten ist. Ich habe mir schon mal Kleinstzikaden auf den Balkon geholt und das kann ziemlich nervig werden. Es hilft manchmal, an der Erde zu schnuppern. Sollte es faulig riechen, Finger weg! Die Wurzeln standen wahrscheinlich im Wasser und haben zu faulen begonnen. Kommt weniger in Gärtnereien vor, aber bei Supermarktkräutern kann das schon mal sein.

BASILIKUM

KRÄUTER AUS SAMEN

Hier möchte ich mit dir meine persönlichen Erfahrungen und wichtigsten „Learnings“ teilen.

Nicht zu viel und nicht zu früh

Ich muss mich jedes Jahr bremsen, dass ich nicht schon im Februar beginne oder 100 verschiedene Sorten plane. Die Wohnung ist schnell mal zu klein und wenn man dann noch zu früh startet, muss man die Keimlinge 2–3 Monate am Leben erhalten – und das kann ziemlich stressig werden. Mittlerweile säe ich vor allem Sorten, die ich schwierig in der Gärtnerei bekomme.

Das Saatgut

Ich achte darauf, kein Hybrid-Saatgut (F1) zu verwenden. Die Pflanzen sind nämlich so gezüchtet, dass aus den selbst geernteten Samen in der nachfolgenden Generation Pflanzen wachsen, die in ihren Eigenschaften von den Elternpflanzen abweichen können. Da ich gerne das selbst gesammelte Saatgut im Folgejahr wieder aussäen möchte, kaufe ich also sogenanntes samenfestes Saatgut in Bioqualität. Klingt vielleicht etwas komisch, aber ich habe auch gelernt, dass das genaue Lesen der Verpackung wirklich sinnvoll ist: Saattiefe – ob Dunkel- oder Lichtkeimer –, Keimtemperatur und Aussaatzeitpunkt.

Temperatur & Licht

Damit die Pflanzen schön kompakt und kräftig wachsen, ist Licht und Temperatur entscheidend. Wenn es zu warm ist oder es zu wenig Licht gibt, „vergeilen“ sie und werden lang und schlapp. Ich lasse sie auf der warmen Fensterbank bei über 20 °C keimen. Sobald sie gekeimt sind, kommen sie bei mir ins Schlafzimmer, da hat es ca. 18 °C, ideal sind 15–20 °C. Wenn es noch nicht genug Licht gibt, stelle ich sie für 4–6 Stunden zusätzlich unter eine Pflanzenlampe. Zusatztipp: Streiche immer wieder sanft über die Pflänzchen und simuliere so den Wind, das macht deine Anzucht widerstandsfähiger und stabiler. Auf der linken Seite siehst du übrigens, wie du die Pflänzchen nach dem „Auflaufen“ pikierst.

Anzuchttöpfe – meine Favoriten

— Anzuchtpaletten aus Plastik werden auch von Gärtnereien verwendet. Sie sind zwar aus Plastik, aber gut gepflegt halten sie viele Jahre.
— Erdpresstöpfe mache ich mir gerne selbst mit einer sogenannten Erdtopfpresse. Diese verwende ich besonders gerne für die Aussaat von Ringelblumen und Kapuzinerkresse.
— Anzuchtschalen oder Töpfe, in die ich eine größere Menge aussäen und von dort aus pikieren/vereinzeln kann.

Vermiculite & Anzuchterde

Vermiculite ist sehr leicht und kann gut Wasser halten. Unter die Erde gemischt, sorgt es für gute Durchlüftung und fördert so das Wurzelwachstum. Für die Anzucht verwende ich Anzuchterde und Vermiculite jeweils 50/50. Für die Erdpresse verwende ich nur Anzuchterde, die ich mit Wasser vermische.

Anzucht beschriften

Es ist mit am wichtigsten, die Anzucht zu beschriften. Ich dachte auch immer, ich merk es mir, aber schon eine Woche später weiß ich nicht mehr, was ich wo gepflanzt habe.

Gießen

Die Anzucht gieße ich vorsichtig mit einer Ballbrause an, somit schwemmt das Saatgut nicht davon und ich kann das Wasser besser dosieren. Ich achte darauf, dass die Erde während und nach der Keimung auf keinen Fall austrocknet, sonst sind die Pflänzchen sofort kaputt. Auch zu nass sollten sie nicht stehen, sonst können sie leicht schimmeln. Lieber mit dem Finger regelmäßig fühlen, ob die Pflänzchen Wasser benötigen.

Mein Tipp
Eine Schicht Vermiculite oder Sand auf deiner Aussaat kann verhindern, dass Trauermücken ihre Eier in die Erde legen. Gegen die adulten Mücken helfen Gelbtafeln.

1

2

3

1 Stecklinge von der Mutterpflanze

2 Untere Blätter und Triebspitze entfernt und oben abgeschnitten

3 Stecklinge bewurzeln in Erde

4 Basilikumstecklinge im Wasser bewurzeln

5 Neue Basilikumwurzeln nach ca. 4 Wochen

6 Indisches Basilikum mit den Händen teilen

KRÄUTER AUS STECKLINGEN

Du kannst Kräuter durch Stecklinge, also abgeschnittene Triebe, vermehren. Das geht nicht mit allen Kräutern, aber gerade bei mediterranen Vertretern wie Lavendel, Rosmarin oder auch Melisse und Minze ganz gut. Es braucht etwas Geduld und klappt nicht jedes Mal, aber es lohnt, sich auszuprobieren.

Stecklinge schneiden

Der beste Zeitpunkt Stecklinge zu schneiden, ist im Frühsommer und Sommer. Verwende keinen Zweig mit Blüten, sonst würde die Energie da reingehen und nicht ins Wurzelwachstum. Du schneidest einen ca. 5–10 cm langen, nicht verholzten Zweig von einer kräftigen Pflanze, und zwar knapp unterhalb einer Blattachse, eines sogenannten „Knotens" (Nodium). Dann entfernst du die unteren Blätter und ggf. die Triebspitze, wenn sich dort bereits Blüten gebildet haben. Danach gibt es zwei verschiedene Möglichkeiten: Du lässt den Steckling in der Erde wurzeln oder im Wasser.

Im Wasser wurzeln

Das geht besonders gut bei Minze, Melisse, Basilikum und Strauchbasilikum. Wenn ich sie ins Wasser stelle, lasse ich oft die Triebspitzen dran, aber entferne trotzdem die unteren Blätter, damit sie nicht faulen. Du gibst die Stecklinge in ein Wasserglas, stellst sie ins Licht – nicht in die pralle Sonne – und nach etwa 2–3 Wochen bilden diese Wurzeln aus. Das Wasser sollte im-

4

5

6

mer frisch sein, am besten du wechselst es alle 2–3 Tage. Wenn sich genug Wurzeln gebildet haben, kannst du sie in einen Topf mit Erde pflanzen.

In der Erde wurzeln

Das funktioniert vor allem bei Halbsträuchern wie Rosmarin gut. Du steckst die Zweige direkt in die Erde und gießt sie gut an. Ich mische Anzuchterde und Vermiculite 50/50 und gebe etwas Urgesteinsmehl mit dazu, das fördert das Wurzelwachstum. Du kannst aber auch nur Anzuchterde verwenden. Die Stecklinge brauchen es warm und feucht. Du kannst eine Plastiktüte darübergeben oder ein umgedrehtes Einmachglas, so schaffst du ein Mini-Gewächshaus. Regelmäßig lüften, damit nichts schimmelt. Achte darauf, dass die Erde immer leicht feucht ist, sie darf nicht austrocknen. Allerdings sollte sie auch nicht zu nass sein, sonst faulen die Stecklinge. Wenn alles gut läuft, wurzeln die Triebe nach ca. 5 Wochen. Wenn sich neue Triebspitzen zeigen, deutet es darauf hin, dass es geklappt hat, und du kannst die neue Pflanze in einen größeren Topf setzen.

KRÄUTER TEILEN

Minze, Schnittlauch, Schnittknoblauch und Anis-Ysop kannst du super teilen. Wenn du sie schon länger im Topf hast, kannst du die Pflanzen durch diesen Schritt verjüngen, sie treiben danach wieder kräftiger und gesünder aus. Dazu teilst du den Wurzelballen mit deinen Händen oder schneidest ihn mit einem Brot- oder Gartenmesser in mehrere Teile, diese kannst du dann umtopfen. Manchmal hilft es, den Wurzelballen vorher ca. 15 Minuten ins Wasser zu stellen, damit sich die Wurzeln leichter endwirren lassen. Durch diese „Verjüngung“ halten sich die Pflanzen über viele Jahre. Du kannst die übrigen Kräuter an Freunde und Familie verschenken oder tauschen.

ANBAU GANZJÄHRIG AUF DER FENSTERBANK

Um das ganze Jahr frische Kräuter ernten zu können, bietet sich der Anbau auf der Fensterbank an. Dabei ist genügend Licht besonders wichtig. In den Wintermonaten arbeite ich deshalb mit einer Pflanzenlampe, die an grauen Tagen etwa vier bis acht Stunden leuchtet.

Auf meiner Fensterbank wachsen Basilikum, Petersilie (Fotos rechts oben), Schnittlauch, Erbsensprossen und meine Anzucht. Ich pflanze Petersilie und Basilikum in große Töpfe, etwa 20 x 20 cm. Auch wenn ich sie aus Samen ziehe, verwende ich eine Kräutererde mit etwas Langzeitdünger wie Klee. Aus dem Grund, weil die Kräuter im Topf bleiben und dann Nährstoffe brauchen. Du kannst sie aber auch in Anzuchterde vorziehen und dann in nährstoffreichere Erde pikieren.

BASILIKUM & PETERSILIE

Basilikum und Petersilie aus Samen klappt besonders gut. Wie ich das mache, zeige ich dir auf Seite 57. Bei mir kommen etwa zehn Samen direkt in einen Topf oder noch mehr, wenn ich sie danach pikiere. Die Erde sollte immer leicht feucht, aber nicht zu nass sein. Achte darauf, Basilikum regelmäßig zu ernten und dabei an der Blattachse zu schneiden, damit er sich verzweigen kann und schön buschig wächst. Wenn du Kräuter als Pflanze kaufst, dann nehme sie aus ihrem Topf, denn dort stehen sie meist zu eng, und pflanze sie verteilt auf mehrere Töpfe. Du kannst auch super Stecklinge aus Basilikum schneiden, im Wasser wurzeln lassen und dann einpflanzen. So werden aus einem gekauften Topf schnell mal drei bis vier Töpfe Basilikum.

SCHNITTLAUCH

Entweder kaufe ich ihn extra für die Kultivierung auf der Fensterbank oder grabe ihn aus meinen Balkontöpfen aus, teile ihn und pflanze ihn in einen großen Topf um. Ich ernte Schnittlauch regelmäßig 1–2 cm über dem Boden und er treibt immer wieder von unten nach. Das gleiche funktioniert übrigens auch mit Lauchzwiebeln.

ERBSENSPROSSEN

Für Sprossen gebe ich Anzuchterde in einen Topf, streue die Erbsensamen sehr dicht und bedecke sie mit etwa 1 cm Erde. Gut angießen und die nächsten Tage immer wieder feucht halten. Sie keimen sehr schnell, innerhalb einer Woche kannst du schon die ersten Triebe ernten (siehe Bilder rechte Seite unten). Wenn du die Sprossen oberhalb des ersten Blattpaares schneidest, treiben sie erneut aus. Sie schmecken herrlich „erbsig“ und machen sich gut im Salat oder als Topping von Speisen.

Mein Tipp

Im Bioladen gibt es getrocknete Erbsen zu kaufen, die sind oft auch noch keimfähig und eignen sich wunderbar für Sprossen. Du kannst auch Saatgut kaufen, das ist im Verhältnis aber meist deutlich teurer.

TOMATO & PEPPER
PASSATA

PFLANZEN, DÜNGEN & GIESSEN

Du hast nun Kräuter gekauft oder vorgezogen, aber wie gehts jetzt weiter? Auf den folgenden Seiten möchte ich dir Tipps zur Pflege deiner Pflanzen geben, damit du am Ende kräftige und gesunde Kräuter ernten kannst.

1 Ein Vlies trennt die Drainage von der Erde und macht so das Umtopfen leichter.

2 Mobile Kistenbeete – bequem arbeiten und bei Unwetter einfach verschieben

VORBEREITUNG

Ich richte mir zuerst meinen Arbeitsplatz her und breite die Pflanzmatte aus, damit ich mit der Erde „rumkleckern" kann, ohne aufpassen zu müssen. Außerdem stelle ich mein Gartenwerkzeug daneben, um alles griffbereit zu haben und nicht zwischendurch suchen zu müssen.

TÖPFE & BEETE BEFÜLLEN

— Drainage: Damit das Wasser besser abfließen kann, mache ich unten eine Drainageschicht aus Tonperlen in das Pflanzgefäß, es reichen 3–5 cm.
— Pflanzenvlies: Dann ein kleiner Trick, kein Muss, ich finde es aber sehr praktisch. Auf die Drainageschicht lege ich ein Stück Pflanzenvlies, das ich zugeschnitten habe. So kann sich die Erde nicht mit den Tonperlen vermischen und du hast es leichter, wenn du den Topf später wieder leeren möchtest, um beispielsweise die Erde aufzufrischen.
— Erde: Dann gebe ich die Erde hinzu, die auf die Bedürfnisse der Kräuter abgestimmt ist. Eine mediterrane Erde für Rosmarin und Thymian und torffreie Kräutererde für Küchenkräuter wie Petersilie, Schnittlauch und Basilikum. Du musst das Beet nicht jedes Jahr neu befüllen, du kannst die Erde einfach wieder aufbereiten. Wie ich das mache, zeige ich dir auf Seite 49. Die Erde sollte schön locker sein, damit die Wurzeln besser anwachsen können.

PROBEAUFSTELLUNG

Bevor ich damit loslege die Kräuter zu pflanzen, stelle ich sie erst einmal so auf die Beete, wie ich sie in die Erde setzen möchte. Somit bekomme ich schonmal eine Übersicht und ein Gefühl dafür, wie es einmal aussehen könnte und wie viel Platz tatsächlich da ist. Auch wenn ich es in meinem Gartenplan anders eingezeichnet habe, entscheide ich mich nach diesem Schritt manchmal um. Wenn man die Dinge vor Augen hat, kann man es sich einfach besser vorstellen. Bei diesem Schritt lasse ich mir auch genügend Zeit, um es auf mich wirken zu lassen. Wenn die Entscheidung gefallen ist, wer wohin darf, geht es ans Einpflanzen.

WURZELBALLEN WÄSSERN

Bevor es ans Buddeln geht, stelle ich die Pflanze in einen Topf mit Wasser, damit sich der Wurzelballen richtig schön vollsaugen kann – so lange, bis keine Luftbläschen mehr nach oben steigen. Die Feinwurzeln werden dadurch angeregt sich auszubreiten und unterstützten so die Pflanze beim Anwachsen. Gerade bei gekauften Kräutern, die eventuell etwas trockengestanden sind, kann dieser Schritt sehr hilfreich sein.

PFLANZLOCH AUSHEBEN

Während der Wurzelballen sich schön mit Wasser vollsaugt, kannst du das Pflanzloch ausheben. Von der Lochgröße her etwa doppelt so breit und tief wie der Wurzelballen. Ich gebe gerne noch 1 EL Urgesteinsmehl in das Pflanzloch und vermische es mit etwas Erde, damit die Wurzeln nicht direkt damit in Kontakt kommen. Das Urgesteinsmehl belebt und aktiviert das Bodenleben, das Pflanzenreste und Humus verarbeiten kann und so Nährstoffe für die Pflanzen verfügbar macht. Wenn es Kräuter sind, die etwas mehr Nährstoffe vertragen kön-

1

2

nen, gebe ich zusätzlich ein wenig Langzeitdünger wie Klee oder Kompost dazu.

WURZELN AUFLOCKERN

Damit sich die Wurzeln noch besser ausbreiten können, das Wurzelwachstum angeregt wird und die Pflanze einen noch besseren Halt bekommt, hilft es, die Wurzeln etwas zu lockern. Man sieht es manchmal beim Rausnehmen aus dem Anzuchttöpfchen, dass die Wurzeln regelrecht im Kreis gewachsen sind. Wenn wir sie nicht auflockern würden, würden sie weiter im Kreis wachsen. Wir wollen aber, dass sie sich ausbreiten können und stabil in der Erde verankern. Also vorsichtig die Wurzeln auflockern und etwas „endtüdeln". Das geht leichter, nachdem der Wurzelballen vorher im Wasser stand. Bei großen Wurzelballen macht es auch nichts, wenn man dabei Wurzeln etwas „verletzt", das kann das Wurzelwachstum zusätzlich anregen.

1
Planung im Gartentagebuch, die manchmal spontan noch angepasst wird

2
Probeaufstellung: Haben alle Pflanzen Platz und sieht es gut aus?

3
Den Wurzelballen mit den Händen oder einer Gabel auflockern.

4
Der Blubbertest: Wurzelballen tauchen, bis keine Luft mehr aufsteigt

3

4

MIT ERDE FÜLLEN & ANGIESSEN

Die Pflanze in das Pflanzloch setzen, mit Erde auffüllen und gut andrücken. Zur Pflanze hin eine kleine Mulde drücken, damit das Wasser gut zur Pflanze hinsickert. Dann noch kräftig angießen, ruhig etwas mehr, als man meint. Dadurch schwemmt die Erde schön um die Wurzeln und die Pflanze ist bestens vorbereitet, um richtig loszulegen.

ACHTSAM DÜNGEN

Kräuter sind oft Schwach- bis Mittelzehrer, daher dünge ich sparsam und ausschließlich mit biologisch-organischen Düngern. Achte auf die Dosierangabe der Hersteller.

— Langzeitdünger nutze ich, um die Erde zu verbessern oder gebe bei Mittelzehrern wie Basilikum etwas ins Pflanzloch. Hier verwende ich gerne Klee-Pellets, die sind unbedenklich für Haus- und Wildtiere, vegan und riechen nicht unangenehm. Kompost ist in torffreier Erde meist schon vorhanden. Du kannst allerdings die Erde vom Vorjahr mit Kompost aufbereiten, um ihr wieder Nährstoffe zuzuführen.

— Flüssigdünger verwende ich bei akutem Nährstoffmangel, wenn sich z. B. die Blätter gelblich verfärben. Bei diesem Dünger sind die Nährstoffe schneller für deine Pflanzen verfügbar. Alle 2–3 Wochen gebe ich etwas davon ins Gießwasser, denn in den Töpfen sind die Nährstoffe schneller aufgebraucht als im Garten. Ich verwende einen einfachen Bio-Obst- & Gemüsedünger.

— Bodenaktivatoren wie Urgesteinsmehl oder „Terra Preta" sind super, um Bodenlebewesen dabei zu unterstützen, den Boden aufzubessern und die Nährstoffe für die Pflanzen verfügbar zu machen.

1
Frisch gepflanzte Kräuter schön und kräftig angießen.

2
Langzeitdünger aus Klee

1

2

SCHRITT FÜR SCHRITT ZU KRÄFTIGEN KRÄUTERN

1 Töpfe & Kistenbeet mit einer Drainageschicht und passender Erde füllen. Nur wenn nötig, etwas Kompost oder anderen Langzeitdünger untermischen. Bei Beeten vom Vorjahr die Erde aufbereiten.

2 Probeaufstellung. Pflanzen erstmal auf die Beete stellen und schauen, wo sie am besten hinpassen.

3 Wurzelballen wässern. Stelle die Pflanze vor dem Einpflanzen in einen Eimer mit Wasser, damit sich der Wurzelballen schön vollsaugt, bis keine Luftbläschen mehr aufsteigen.

4 Pflanzloch ausheben. Etwa doppelt so breit und tief wie der Wurzelballen. Je nach Bedürfnis der Pflanze Langzeitdünger untermischen. Gerne 1 EL Urgesteinsmehl ins Pflanzloch dazugeben, um das Bodenleben zu fördern.

5 Wurzeln auflockern, damit sich die Wurzeln gut ausbreiten können und die Pflanze einen besseren Halt bekommt.

6 Mit Erde füllen & angießen. Die Pflanze in das Pflanzloch setzen, mit Erde auffüllen und gut andrücken. Dann noch kräftig angießen, dadurch schwemmt die Erde schön um die Wurzeln.

CLEVER GIESSEN

Kräuter haben einen unterschiedlichen Wasserbedarf. Besonders beim Gärtnern im Topf gibt es ein paar Dinge zu beachten, da die Erde schneller austrocknet.

Wasserbedarf erkennen

Eigentlich ganz simpel: Mache den Fingertest und grabe mit dem Zeigefinger etwa 2 cm in die Erde, so kannst du fühlen, wie feucht sie ist. Auch wenn die Erde oberhalb oft trocken aussieht, kann es sein, dass in den unteren Schichten noch genügend Wasser gespeichert ist. Wenn die Blätter anfangen zu hängen, wirds höchste Zeit. Manche Pflanzen schützen sich allerdings durch Einrollen der Blätter, um die Fläche der Sonneneinstrahlung zu verringern.

Der beste Zeitpunkt zum Gießen

Der beste Zeitpunkt ist morgens, der Boden ist noch nicht so aufgewärmt und das Wasser verdunstet langsamer. Somit sind die Kräuter über den Tag gut mit Wasser versorgt. An besonders heißen Tagen gieße ich abends noch ein zweites Mal. In der Mittagssonne solltest du nicht gießen, da das Wasser schnell verdunstet, bevor die Pflanze es aufnehmen kann. Falls deine Pflanze mittags doch dringend Wasser braucht, gieße direkt an der Wurzelzone, so kommt möglichst viel dort an, wo es gebraucht wird. Achte darauf, dass das Wasser nicht zu kalt ist, um einen Temperaturschock zu vermeiden. Mir fällt es am leichtesten, mit Routinen dranzubleiben, daher schließe ich meine morgentliche Kaffee-Runde über den Balkon mit dem Gießen ab.

Darauf solltest du achten

Die meisten Pflanzen mögen Staunässe überhaupt nicht, da die Wurzeln bei zu nasser Erde faulen und schimmeln können. Ich habe daher kaum Untersetzer unter meinen Pflanztöpfen. Das hilft zwar dabei, Staunässe zu vermeiden, allerdings solltest du darauf achten, dass du vorsichtig gießt, damit nicht alles Wasser wieder rausschwemmt und zum Nachbarn unter dir läuft. Noch ein Tipp: Wenn die Erde sehr trocken ist, nimmt sie nicht mehr so gut Wasser auf, daher solltest du sie immer leicht feucht halten. Wenn die Erde sehr verdichtet ist, kann sie ebenfalls kein Wasser aufnehmen, hier ist es gut, Tonscherben, Vermiculite oder Perlite einzuarbeiten, um sie wieder aufzulockern.

Das unterstützt das Gießen

— Mulchen: Eine Mulchschicht, zum Beispiel aus Stroh, hilft dabei, dass das Wasser nicht so schnell verdunsten kann. Ich pflanze allerdings gerne Bodendecker oder Füllpflanzen wie Kapuzinerkresse, Basilikum oder Ringelblumen auf die blanken Stellen, die spenden Schatten und verringern die Verdunstung.
— Ollas sind Tontöpfe, die in der Erde vergraben und mit Wasser befüllt werden. Durch die poröse Oberfläche wird die Feuchtigkeit langsam nach außen abgegeben und die Kräuter erhalten nach und nach das Wasser. Wenn das Wasser aufgebraucht ist, füllst du es wieder auf. So kann man über das Wochenende wegfahren und die Pflanzen sind versorgt. Ollas gibt es zu kaufen oder du bastelst dir selbst welche, dafür gibt es online einige Anleitungen.
— Automatisches Bewässerungssystem: Es sorgt dafür, dass die Kräuter regelmäßig und gleichmäßig mit Wasser versorgt werden. Das spart Zeit und verhindert, dass über- oder unterwässert wird. Das ist praktisch, wenn du mal eine längere Zeit nicht zuhause bist. Allerdings ist die Anschaffung etwas teurer und aufwendiger zu installieren.
— Oberfläche vorsichtig harken: Du kannst alle 2 Wochen mit einer Gartenharke oder Gabel die Erdoberfläche um die Pflanzen harken und auflockern, somit nehmen sie wieder leichter Wasser auf. Achte darauf, dass du nicht zu tief harkst, nur etwa 2–4 cm.

Mein Tipp
Schatten durch Schirm, Markise oder Sonnensegel bei praller Mittagssonne rettet so manche Pflanze.

RÜCKSCHNITT & ERNTE

Gesundes Wachstum durch regelmäßiges Ernten und gezieltes Kürzen. Das ist möglich, wenn man dabei ein paar Dinge berücksichtigt. Hier möchte ich dir zeigen, worauf du achten solltest und welche Kräuter wie am besten geerntet und geschnitten werden.

1 Kräuter schonend an einem schattigen und geschützten Ort trocknen

2 Majoran frisch geerntet und bereit, getrocknet zu werden

WARUM ZURÜCKSCHNEIDEN

Das Ernten und Zurückschneiden der Kräuter ist sehr wichtig, es regt das Wachstum neuer Triebe an und sorgt dafür, dass sie gesünder, kräftiger und buschiger wachsen. Durch die vielen neuen Triebe gibt es zusätzlich mehr zu ernten. Gerade holzige Kräuter wie Rosmarin und Lavendel brauchen mindestens einmal im Jahr einen stärkeren Rückschnitt, damit sie nicht „verholzen". Bei manchen Stauden und Kräutern kann das Runterschneiden im Frühsommer sogar dazu führen, dass es im Spätsommer eine zweite Blüte gibt. Das ist der sogenannte „Chelsea Chop" oder auch Remontierschnitt.

Ich gebe zu, so ein radikaler Schnitt, vor allem wenn es danach so kahl aussieht, kann ziemliche Überwindung kosten. Mir ist es anfangs sehr schwergefallen und ich musste viele Videos anschauen, bis ich mich daran gewagt habe. Auch wenn es zuerst ungewohnt ist, du wirst mit viel Ernte und kräftigen Kräutern belohnt werden. Kräuter brauchen je nach Wuchsform unterschiedliche Schnitte, dabei wird grob unterschieden in:

— **Ein- und zweijährige Kräuter** (Petersilie, Basilikum, Dill): Regelmäßiger Ernteschnitt vor und nach der Blüte.
— **Mehrjährige Kräuter** (Schnittlauch, Schnittknoblauch, Melisse): Pflegeschnitt und nach Bedarf.
— **Halbsträucher** (Lavendel, Rosmarin, Thymian): Pflegeschnitt, um in Form zu bleiben.

1

2

SCHNITTFORMEN

Bei den verschiedenen Kräutern gibt es unterschiedliche Arten der Ernte. Um deine Kräuter bestmöglich zu unterstützen, zeige ich dir, worauf du beim Ernten und Schneiden achten solltest. Eine saubere und scharfe Gartenschere ist dabei wichtig, um Übertragungen von Krankheiten und Bakterien zu vermeiden, zudem verheilt ein glatter Schnitt auch besser.

Pflegschnitt

Manche Kräuter schneide ich im März/April stärker zurück, wenn die großen Fröste vorbei sind. Damit werden sie angeregt neu auszutreiben. Holzige Halbsträucher wie Salbei, Rosmarin und Thymian ebenfalls, damit sie nicht „verkahlen“. Dabei schneide ich etwa zwei Drittel runter. Aber Achtung, nicht ins alte Holz schneiden, dort treiben sie meist nicht mehr aus. Stauden wie Eisenkraut, aber auch Oregano, schneide ich erst Anfang Mai, da Insektenlarven in den Stängeln überwintern, wie Schwebfliegen, die meine Kräuter vor Schädlingen schützen.

Remontierschnitt

Er ist für eine zweite Blüte gedacht und wird auch „Chelsea Chop“ genannt, zudem kann er mit dem Ernteschnitt verbunden werden. Das mache ich vor allem bei Garten- und Fruchtsalbei, aber auch bei Veilchen.

Ernteschnitt

Regelmäßige Ernte regt das Wachstum an. Mehrjährige Kräuter wie Schnittlauch und Schnittknoblauch kannst du knapp über dem Boden schneiden, und sie treiben von dort immer wieder nach. Bei Petersilie und Schnittsellerie direkt über dem Boden schneiden, allerdings sollte das „Herz“ in der Mitte stehen bleiben, von dort treiben sie neu aus. Beim Basilikum schneidest du den Trieb oberhalb eines Blattpaares ab, so verzweigt er sich und wird buschi-

ger. Die Blüte vom Genoveser Basilikum immer abknipsen, sonst bildet er Samen und stellt das Wachstum ein. Anders beim Strauchbasilikum, der blüht recht lange und Insekten freuen sich über die Blüten. Rosmarin, Thymian und Salbei kannst du für die direkte Verwendung in der Küche ernten, hier schneide ich die Triebspitzen. Bei den essbaren Blüten knipse ich die Blüten jeweils ab und verwerte sie direkt im Salat oder trockne sie. Vertrocknete Blüten schneide ich allerdings ab, bevor sie Samen bilden, um weitere Blüten zu fördern.

Kurz vor der Blüte und im Sommer ist das Aroma am intensivsten. Gerade bei Kräutern, die man trocknen möchte, wie Oregano oder Majoran. Am besten du schneidest sie vormittags/mittags an einem sonnigen Tag und nicht bei Regen, da stecken die meisten ätherischen Öle in den Blättern. Wenn du sie im Frühsommer zurückschneidest, kann es im Spätsommer eine zweite Ernte geben.

1 Ernteschnitt im Spätsommer, etwa erstes Drittel

2 Lavendelbündel zum Trocknen

3 Lavendel vor dem Pflegeschnitt im April

4 Lavendel im April, achtsam auf ein Drittel runtergeschnitten

5 Lavendel Anfang Juni mit frischem Grün

PFLANZEN SCHÜTZEN

Blätter verfärben sich, rollen sich ein oder es erscheinen komische Punkte darauf. Das kann neben Nährstoffmangel auch Krankheiten oder Schädlinge als Ursache haben. Wie du das erkennst und was du dagegen tun kannst, möchte ich dir hier zeigen.

1

2

3

1 Wildbiene auf Jungfer im Grünen

2 Wildbiene auf Bärlauch

3 Lehmwespe auf Gewürzfenchel

FRÜHZEITIG ERKENNEN

Der beste Weg, um Krankheiten und Schädlinge zu erkennen ist, die Pflanzen zu beobachten. Du bekommst mit der Zeit einen Blick dafür, ob sie gesund oder krank sind. Je schneller du reagierst, desto besser kannst du der Pflanze helfen. Da ich die Kräuter essen will und naturfreundlich gärtnere, arbeite ich mit natürlichen Mitteln. Manchmal ist es jedoch nicht mehr möglich zu helfen und du musst die Pflanze rausreißen, um eine Ausbreitung zu verhindern. Es gibt jedoch Möglichkeiten, dem vorzubeugen.

Auf der folgenden Seite findest du Hilfe bei Problemen, die bei mir am häufigsten auftreten.

PFLANZEN BEOBACHTEN

Die Pflanzen sollten schön saftig grün sein. Schaue auch immer wieder unter die Blätter, ob dir etwas auffällt. Mögliche Anzeichen für Schädlinge oder Krankheiten können sein:

— Blätter mit Punkten oder braunen Stellen
— Die Pflanze sieht welk und schlapp aus.
— Die Pflanze wächst nicht.
— Blätter kräuseln sich
— vermehrt gelbe Blätter
— Gespinste
— Ameisen auf der Pflanze
— weißer „Flaum“ auf den Blättern
— löchrige Blätter

BLATTLÄUSE

Blattläuse saugen mit ihrem Rüssel den Pflanzensaft aus und schwächen somit die Pflanze. Dabei scheiden sie süßen Honigtau aus, der von Ameisen gesammelt wird.

Hilfe: Ich spüle oder wische die Läuse vorsichtig mit Wasser ab. Bei starkem Befall besprühe ich sie mit Brennnessel- oder Knoblauch-Sud,

1

2

3

4

hilft auch vorbeugend. Marienkäfer und ihre Larven sowie Florfliegenlarven fressen die kleinen Plagegeister. Kapuzinerkresse fungiert als „Schutzpflanze“, sie lockt die Blattläuse zu sich und beschützt so die umliegenden Kräuter.

SPINNMILBEN

Sind winzige Spinnentiere, die du an ihren Gespinsten erkennst. Sie saugen den Pflanzensaft aus und verursachen erheblichen Schaden.
Hilfe: Ich schneide die am stärksten befallenen Pflanzenteile und entsorge sie im Hausmüll! Alle 2–3 Tage besprühe ich sie mit Brennnessel-Sud. Wird es nicht besser, muss die Pflanze leider ganz weg.

KLEINSTZIKADEN

Gerade mit Zikaden hatte ich durch die heißen Sommer Probleme, denn dann breiten sie sich besonders aus. Sie zeigen sich durch sehr helle Flecken auf den Blättern, da sie viel Pflanzensaft saugen.
Hilfe: Besprühe mit Brennnessel-Sud alle 2–3 Tage bei leichtem Befall. Bei sehr starkem Befall muss die komplette Pflanze leider raus.

ECHTER MEHLTAU

Der „Schönwetter-Pilz“ fällt durch einen weißflaumigen Belag zunächst auf der Blattoberseite auf, der im Verlauf Blätter und Triebspitzen absterben lässt. Gerade an heißen Tagen fühlt er sich wohl.
Hilfe: Alle 3 Tage Knoblauch-Tee oder Frischmilch großzügig auf die Blätter sprühen. Stark befallene Blätter schneiden und in den Hausmüll geben. Mehrjährige Kräuter wie Minze kannst du bei starkem Befall komplett runterschneiden, sie treiben wieder nach. Knoblauch oder Schnittknoblauch zwischen anfällige Pflanzen setzen, kann vorbeugen.

5

6

1 Blattläuse auf Gewürzfenchel, aber der Marienkäfer ist schon zur Stelle.

2 Schadbild von Kleinstzikaden auf Weißer Melisse

3 Schadbild von Spinnmilben.

4 Kleinstzikaden auf Salbei

5 Echter Mehltau auf Salbei

6 Falscher Mehltau auf Basilikum

FALSCHER MEHLTAU

Ein Pilz, der bei mir meist Basilikum befällt. Er zeigt sich durch einen schwarzen „Flaum" auf der Blattunterseite. Auf der Blattoberseite zeigen sich braune Flecken. Eine gute Durchlüftung kann dem vorbeugen.
Hilfe: Betroffene Pflanzenteile in den Hausmüll. Alle 3 Tage Knoblauch-Tee großzügig auf die Blätter sprühen. Ist der Befall sehr stark, muss die komplette Pflanze raus. Direkt beim Kauf schon auf Anzeichen achten.

BRENNNESSEL-SUD

Ich kaufe Brennnesselextrakt und achte beim Mischverhältnis auf die Angaben des Herstellers, fülle es dann in eine saubere Sprühflasche und behandle meine Pflanzen.
Hilft gegen: Kleinstzikaden, Spinnmilben, Blattläuse. Brennnessel-Sud stärkt zudem die Widerstandsfähigkeit der Pflanzen.

KNOBLAUCH-TEE

Drei bis fünf Knoblauchzehen feinhacken, mit 500 ml kochendem Wasser übergießen und 1 Stunde ziehen lassen. Gut absieben und in eine saubere Sprühflasche füllen. Alle 2–3 Tage die Pflanzen großzügig damit besprühen. Im Kühlschrank ist der Tee etwa 5–7 Tage haltbar, frisch hat er allerdings die stärkste Wirkung.
Hilft gegen: Pilzkrankheiten, Läuse, Spinnmilben, Kräuselkrankheit und Rost.

KRANKHEITEN VORBEUGEN

— Arbeite mit einer sauberen und scharfen Gartenschere, um Übertragungen zu vermeiden. Reinige ihre Schnittflächen danach mit Spiritus.
— Beobachten und schnell reagieren.
— Achte beim Einkauf auf gesunde Pflanzen.
— Entsorge kranke und befallene Pflanzenteile immer im Hausmüll.
— Meide Staunässe und nasse Blätter gerade über Nacht und sorge für eine gute Durchlüftung.
— Pflanze in Mischkultur, manche Kräuter halten Schädlinge durch ihren Duft fern.
— Hol dir Nützlinge auf den Balkon, Tipps gibts auf der folgenden Seite.

MARIENKÄFERLARVE
Vertilgt täglich etwa 100 Blattläuse

FLORFLIEGENLARVE
Auch bekannt als Blattlauslöwe

SCHWEBFLIEGE
Bestäubt & schützt

FLORFLIEGE
Zart & sehr nützlich

NÜTZLINGE ANLOCKEN

Es gibt einige Tiere, sogenannte Nützlinge, die dir dabei helfen können, Schädlinge fernzuhalten.

FLORFLIEGEN

Sind kleine grüne Netzflügler, vor allem ihre Larven fressen Blattläuse, Spinnmilben, Raupen und Thripse. Bis zu 50 Blattläuse am Tag verspeisen die kleinen Larven. Zum Überwintern brauchen sie Laub oder vertrocknete Pflanzenstängel. Manchmal überwintern sie auch im Haus, wenn du also welche siehst, freue dich.

MARIENKÄFER

Die Käfer und vor allem die Larven fressen Unmengen an Blattläusen, etwa 100 am Tag. Sie werden angelockt von Ringelblumen, Minze und anderen Wildblumen. Wie bei der Florfliege brauchen sie ein Winterquartier aus Laub, altem Holz oder Nistkästen.

SCHLUPFWESPEN

Sind spezialisiert auf manche Blattläuse und Minierfliegen. Die Larven parasitieren die Schädlinge, die adulten Tiere allerdings ernähren sich von Nektar. Du lockst sie mit Doldenblütlern wie Dill und Fenchel auf deinen Balkon.

SCHWEBFLIEGEN

Ich freue mich immer über Schwebfliegen, bei mir sind verschiedene Arten auf dem Balkon unterwegs und bestäuben Gemüse- und Fruchtpflanzen. Die Larven futtern Hunderte von Läusen, bis sie sich verpuppen. Du lockst sie vor allem mit Doldenblütlern wie Kerbel oder Fenchel an.

OHRENKNEIFER

Sie sind nachtaktiv, mögen es kühl und feucht. Sie fressen Blattläuse, Raupen und Spinnmilben. Sie lieben es, unterm Mulch zu leben, im Totholz oder in gebauten Unterschlüpfen, beim NABU findest du super Anleitungen dazu.

SO UNTERSTÜTZT DU DIE KLEINEN HELFER

— Blumen und Wildkräuter pflanzen, wie Ringelblume, Kornblume oder Fenchel.
— Im Herbst/Winter die Beete mit Laub mulchen.
— Vertrocknete Pflanzenteile über den Winter stehen lassen.
— Nisthilfen aufhängen, beim NABU findest du gute Anleitungen.
— Wasser und Futter(pflanzen) für Wildbienen und Vögel zur Verfügung stellen.
— Kein Gift einsetzen, denn es unterscheidet nicht zwischen Nützling und Schädling.

Mein Tipp
Nützlinge wie Schlupfwespen, Raubmilben, Florfliegen und Marienkäfer kann man sogar kaufen. Wenn Schädlinge wie Blattläuse oder Trauermücken überhandnehmen, kann das wirklich helfen.

KRÄUTER IM WINTER

Vor dem ersten Frost gibt es ein paar Dinge zu erledigen, um die Kräuter für den Winter vorzubereiten. Ich möchte mit dir meine Erfahrungen teilen und Tipps an die Hand geben, um deine Pflanzen gut zu schützen. Einige machen „Winterschlaf" und manche wirst du weiterhin ernten können.

1 Tannenzweige und Jute – Winterschutz und schöne Deko

2 Achte auf unbehandelte Zweige.

WINTERFESTER BALKON

Wo ist die wärmste Ecke auf deinem Balkon? Am besten geschützt ist es meist an der Hauswand. Hier kannst du die warm eingepackten Pflanzen hinstellen, damit sie gut vor Kälte, Frost und Wind geschützt sind. Genauso wie wir im Winter einen warmen Mantel für draußen brauchen, sind die Kräuter froh über einen Mantel aus Jute, Schafwolle oder Vlies. Ich arbeite mit Laub, Tannenzweigen, Jutesäcken und manchmal auch mit Luftpolsterfolie, wenn mehr Schutz benötigt wird. Nur wenige Pflanzen wie Zitronenverbene und Lorbeer überwintere ich drinnen im kalten Treppenhaus. Ein paar Kräuter wie Basilikum und Erbsensprossen habe ich auf der warmen Fensterbank.

ZWEIGE & LAUB

Im November sammle ich Laub im Garten meiner Eltern und verteile dieses großzügig auf den Beeten und Töpfen. Die Blätter bilden eine isolierende Mulch-Schutzschicht. Zusätzlich zersetzen Kleinstlebewesen das Laub langsam und geben die Nährstoffe an den Boden ab, ein natürlicher Dünger. Noch ein Vorteil: Marienkäfer und die Larven von Schwebfliegen überwintern gerne unter der Laubschicht. Achte darauf, keine Walnuss-, Kastanien- oder Eichenblätter zu verwenden, sie enthalten wachstumshemmende Inhaltsstoffe. Damit die Blätter vom Wind nicht verweht werden, lege ich Zweige von Tanne, Fichte oder Kiefer darauf. Das ist nicht nur praktisch und ein weiterer Schutz, sondern sieht dekorativ aus. Mit einer Lichterkette geschmückt wird es richtig gemütlich.

1

2

VLIES, JUTE & FOLIE

Um die Pflanzen zu schützen, gibt es die Möglichkeit mit Gärtnervlies oder Jutestoff zu arbeiten. Die Vorteile von Vlies und Jute sind, dass sie atmungsaktiv, isolierend und flexibel wirken. Jute ist zudem nachhaltiger, weil biologisch abbaubar, robust und dadurch langlebiger und ebenfalls dekorativ. Um die Pflanzen noch besser zu schützen, sammle ich übers Jahr Luftpolsterfolie, die ist schön leicht und kostengünstig. Sie isoliert besonders gut, gerade bei Pflanzen, die viel Schutz brauchen – auf diese Weise habe ich auch schonmal einen Lorbeer draußen überwintert. Allerdings ist Folie nicht atmungsaktiv und du solltest immer wieder mal nachschauen. Umwickele den Pflanztopf und nicht die Pflanze selbst. Besonders praktisch sind Jutesäcke, in die ich die Töpfe reinstelle und den Zwischenraum mit Laub auffülle.

BALKON-GEWÄCHSHAUS

Ein Balkon-Gewächshaus eignet sich für zusätzlichen Schutz, du musst die Pflanzen allerdings trotzdem einpacken. Achte auf Schädlingsbefall, immer wieder kontrollieren und gleich entgegenwirken. Um die Temperatur und Feuchtigkeit im Auge zu behalten, verwende ich ein Thermometer. Zur Regulation immer wieder lüften, damit es nicht zu feucht oder zu warm wird. Zu starke Temperaturschwankungen können den Pflanzen schaden. Die Temperaturen sollten nachts zwischen 5–10 °C liegen und tagsüber nicht mehr als 20 °C betragen. Für extrem kalte Tage zusätzlich mit Decken oder Wärmematten arbeiten. So ein Balkon-Gewächshaus ist allerdings nicht zwingend nötig, ich hatte lange keines und verwende es vor allem für die Anzucht.

1 Winterschutz mit Jute und Laub. Die Lichterkette bringt Gemütlichkeit.

2 Mini-Gewächshaus auf dem Balkon – ideal für Anzucht und etwas Schutz

3 Fensterbank als Wintergarten für Küchenkräuter und Anzucht

4 Schön gestaltet wird auch der Winterbalkon zum Lieblingsplatz.

INDOOR GARDENING

Basilikum ist sehr kälteempfindlich, 5 °C machen ihm schon Probleme. Aber da ich ihn so gerne zum Kochen verwende, habe ich ihn im Winter auf der Fensterbank stehen. Dafür pflanze ich Basilikum mit sehr viel Platz in einen Topf und stelle ihn auf die Fensterbank. Hier ist es gut, dass so viel Licht wie möglich durchs Fenster fällt. Es gibt allerdings auch Pflanzenlampen, die für zusätzliches Licht an grauen Wintertagen sorgen. Da mein Schnittlauch sich draußen in die Erde zurückzieht, habe ich auch etwas davon auf der Fensterbank. Wichtig ist bei Kräutern, sie regelmäßige zu ernten. Kresse und Microgreens wie Erbsensprossen sind ebenfalls super für die Fensterbank.

DRINNEN ÜBERWINTERN

Besonders empfindliche Kräuter wie Zitronenverbene und Lorbeer kannst du drinnen an kalten Orten wie Treppenhaus oder Garage überwintern. Zum Überwintern in Wohnung und Garage sind Temperaturen unter 20 °C wichtig. Schaue regelmäßig nach deinen Pflanzen, um möglichen Schädlingsbefall zügig zu erkennen und darauf reagieren zu können. Es gilt jedoch immer: Je länger die Pflanzen draußen stehen können, desto besser!

1 Schnee isoliert. Also ein natürlicher Frostschutz, bitte nicht abschütteln.

2 Salbei, Rosmarin & Thymian können im Winter achtsam geerntet werden.

3 Das Praktische an einer Schneedecke: Beim Tauen spendet sie Wasser.

1

2

3

DÜNGEN

Im September kannst du ein letztes Mal düngen, aber danach nicht mehr. Die Pflanzen bereiten sich auf den Winterschlaf vor und sollen nicht mehr neu austreiben. Die Kräuter auf der Fensterbank könnt ihr mit etwas Langzeitdünger unterstützen.

GIESSEN

Auch im Winter können Kräuter austrockenen. Ich befühle regelmäßig die Erde, ob sie noch feucht ist oder Wasser braucht. Nur an frostfreien Tagen gießen. Vorsicht vor Staunässe, bei Kälte verdunstet das Wasser langsamer, also achtsam gießen. Den Schnee liegen lassen, denn er isoliert, schützt und sobald er taut, „gießt“ er.

ERNTEN IM WINTER

Im Winter freue ich mich, dass ich einige Kräuter ernten kann. Um die Kräuter zu schonen, bin ich dabei behutsam und versuche nicht allzu viel auf einmal zu schneiden. Salbei, Rosmarin, Thymian, Petersilie und Schnittsellerie habe ich draußen auf dem Balkon und ernte sie dort. Ebenfalls Winterheckenzwiebeln oder Frühlingszwiebeln. Auf der Fensterbank stehen Schnittlauch, Basilikum und manchmal Kresse. Majoran, Oregano und Lorbeer verarbeite ich am liebsten getrocknet. Hier greife ich auf die Ernte vom Sommer zurück. Genauso die Teekräuter wie Zitronenverbene, Minze und Kamille. Eingefroren habe ich Dill und Liebstöckel. Vom Fenchel habe ich die Samen gesammelt, die ich als Gewürz verwende.

SCHRITT FÜR SCHRITT: PFLANZEN VORBEREITEN FÜR DEN WINTER

— Töpfe an einen geschützten Standort wie Hauswand stellen. Schattig bis halbschattig, um starke Temperaturschwankungen zu vermeiden.

— Im Oktober eine Mulch- und Isolationsschicht aus Laub und Zweigen aufbringen.

— Untersetzer entfernen, um Staunässe zu vermeiden, und auf Brett oder Styroporplatte stellen, als Schutz von unten.

— Setze die Töpfe und Holzkisten in einen „Übertopf" aus Filz, Vlies, Jute oder Schafwolle. Oder wickle die Stoffe drumherum. Die Zwischenräume mit Laub füllen und Nadelbaumzweige darüber verteilen.

— Achtsam gießen, ernten und Temperaturen beobachten.

— Bei Temperaturen von -5 °C besonders empfindliche Kräuter wie Zitronenverbene und Lorbeer in ein kaltes Treppenhaus oder in eine Garage stellen. So spät und kurz wie möglich.

BEETE & TÖPFE ÜBERS JAHR

DER KRÄUTER-BALKON IM JAHRESVERLAUF

Das Arbeiten mit den Händen, das Beobachten und das Wachsen der Pflanzen und dir selbst sind großartig. Auf den nächsten Seiten gebe ich dir eine praktische Jahresübersicht.

JANUAR & FEBRUAR

Jetzt ist die Zeit für Inspiration und Planung. Gartenbücher, Blogs und Videos für Impulse und ein Gartentagebuch, um deine Ideen und Pläne zu notieren. Überlege, was du ernten möchtest, sortiere dein Saatgut und bestelle, was du benötigst. Behalte die Temperaturen im Auge, um deine Pflanzen zu unterstützen und an frostfreien Tagen zu gießen. Auf der Fensterbank können Kresse, Sprossen und Basilikum wachsen. Schaue nach deinen Pflanzen im Winterquartier und reagiere, wenn Schädlinge zu sehen sind.

MÄRZ & APRIL

Frühjahrsputz auf dem Balkon. Ausmisten, aufräumen und vorbereiten. Der Winterschutz kann nun weg. Sollte es nochmal richtig kalt werden, individuell schützen. Du kannst essbare Blüten wie Kosmee, Kapuzinerkresse, Borretsch und Ringelblumen vorziehen oder direkt aussäen. Kräuter wie Schnittlauch und Minze kannst du teilen. Lavendel, Salbei und Thymian einen Rückschnitt geben. Falls du einen Wasseranschluss hast, kann der wieder angestellt werden. Du kannst die Beete und Töpfe mit Erde füllen und mulchen. Robuste Kräuter wie Petersilie und Schnittlauch können jetzt raus. Veilchen bringen Farbe auf den Frühlingsbalkon.

1 Der Winterbalkon im Februar unter einer schützenden Schneedecke.

2 Der Frühlingsbalkon im April – jetzt gehts langsam wieder los.

1

2

1

2

MAI & JUNI

Ab Mitte Mai, nach den Eisheiligen, können auch empfindliche Kräuter raus wie Basilikum. Jetzt geht es richtig los mit Jungpflanzen. Bereite die Erde gut vor, du kannst behutsam düngen, je nach Nährstoffbedarf. Jäte alles aus der Erde, was deinen Kräutern den Platz nimmt. Kräuter und Gemüse können in Mischkultur zusammen wachsen, um sich gegenseitig zu unterstützen. Schaue dir deine Pflanzen regelmäßig an und wenn du Schädlinge entdeckst, kannst du zügig reagieren. Es ist Zeit für den „Chelsea Chop" oder auch Remontierschnitt, um die Blütezeit zu verlängern und ein buschigeres Wachstum zu fördern. Die Kosmee kann pinziert werden, damit sie noch mehr Blüten bildet. Schaffe dir einen schönen Sitzplatz und genieße deinen Balkon.

JULI & AUGUST

Du kannst aus dem Vollen schöpfen und ernten, einfrieren sowie Teekräuter und Gewürze für den Winter trocknen. Der Rückschnitt fördert zudem das Wachstum und macht eine zweite Ernte möglich. Kräutersträuße binden und verschenken. Samen ernten, um sie nächstes Jahr neu auszubringen oder wie beim Fenchel als Gewürz verwenden. Entstandene Lücken in den Beeten mit Wintergemüse, Kräutern und essbaren Blüten auffüllen. Immer wieder verblühte Blütenköpfe schneiden und regelmäßig gießen.

SEPTEMBER & OKTOBER

Kräuter wie Schnittlauch, Anis-Ysop und Minze können geteilt werden, um sie entweder Freunden zu schenken oder in ein weiteres Beet zu pflanzen. Laub sammeln und auf den Beeten verteilen, dient als Isolationsschicht und schützt die Erde an der Topfoberfläche, außerdem ist diese ein Überwinterungsschutz für deine Pflanzen sowie für Marienkäfer und andere Nützlinge. Beobachte die Temperaturen und bringe die Töpfe an die geschützte Hauswand.

3

4

1
Mitte Mai kann die Gurke mit Dill, Ringelblume, Borretsch und Salat in einen Topf.

2
Im August blüht alles besonders schön und der Balkon lädt zum Genießen ein.

3
Vertrocknete Blütenstängel im Herbst und Winter als Nahrung und Schutz für Vögel und Insekten stehen lassen

4
Im September und Oktober kannst du die Samen vom Fenchel und Co. sammeln.

Bereite schon mal den Winterschutz vor. Bei starken Minusgraden Zitronenverbene und Lorbeer besonders schützen oder notfalls ins kühle Treppenaus stellen. Basilikum kann auf die Fensterbank ziehen, wenn du es weiterhin ernten möchtest.

NOVEMBER & DEZEMBER

Die frostigen Tage werden häufiger und die Pflanzen brauchen Winterschutz. Du kannst sie je nach Bedürfnissen in Jute einpacken oder nur mit Laub und Zweigen schützen. Schau gerne auf Seite 80 vorbei, dort gebe ich dir viele Tipps. Fit fürs neue Jahr: Reinige und pflege deine Gartenschere, Pflanzgefäße und Werkzeuge. Du kannst Kräuter wie Rosmarin, Thymian und Salbei regelmäßig und achtsam ernten. Räume auf und miste aus, was du nicht mehr brauchst, gestalte dir deinen Balkon gemütlich. Nutze die Zeit, um etwas zur Ruhe zu kommen. Jetzt ist Freiraum von deinem Balkongarten im nächsten Jahr zu träumen. In deinem Gartentagebuch kannst du reflektieren. Was hat gut geklappt, was nicht? Schreib deine Ideen und Wünsche auf, das hilft dir im Frühjahr bei der Planung.

„Kein Misserfolg ist so schlecht, dass du nicht auch etwas Wichtiges daraus lernen kannst.“

Das mag vielleicht erstmal seltsam klingen, aber Misserfolge bieten auch Chancen, etwas zu lernen. Selbst wenn die Dinge nicht auf Anhieb so funktionieren, wie du das möchtest, am Ende bringt es dich weiter.

Das Wichtigste ist, dass du das Wissen, das du dabei sammelst, verinnerlichst, damit du beim nächsten Mal einen Schritt weiter bist. Dafür ist dein bestes Werkzeug dein Notizbuch bzw. dein Gartentagebuch.

Natürlich ist es erlaubt, wütend und frustriert zu sein. Wenn sich diese Gefühle allerdings wieder gelegt haben, kommt der Teil des Beobachtens und Analysierens. Das kann tatsächlich richtig spannend sein.

Wenn etwas nicht geklappt hat, schreibe ich es in mein Notizbuch und mache manchmal auch Fotos davon. Ich überlege mir, woran es gelegen haben könnte und informiere mich dazu. So bekomme ich das Gefühl, wieder das Ruder in die Hand zu nehmen.

Selbst ein Hagelschauer, der mir die kompletten Pflanzen in wenigen Minuten zerschossen hatte, löste in mir etwas aus. Viele der zerstörten Pflanzen sind wieder mit voller Kraft neu ausgetrieben. Das mitzuerleben, kann ziemlich motivierend sein und sich ebenfalls auf andere Bereiche im Leben auswirken und einen stärken.

Ich habe mir damals überlegt, wie ich die Pflanzen besser schützen kann und bin so auf die Idee gekommen, Rollen unter meine Kistenbeete zu montieren. Also hatte alles neben dem Frust auch etwas Gutes, und ich freue mich jedes Jahr sehr über meine rollenden Kräuterbeete.

MIT VIER BEETEN DURCHS GANZE JAHR

Ich habe in diesem Kapitel vier Musterbeete für dich, mit denen du 20 verschiedene Kräuter und essbare Blüten auf kleinem Raum unterbringen kannst. Mit ein- und mehrjährigen Pflanzen und deren verschiedenen Ansprüchen.

1 Küchenkräuter-Beet

2 Mediterranes Beet

3 Schnittkräuter-Beet

4 Teekräuter-Beet

VIER KISTENBEETE

Mir war es wichtig, dass diese Beete leicht umzusetzen sind und viele unterschiedliche Kräuter geerntet werden können. Der Vorteil an diesen Kistenbeeten ist, dass sie Rollen haben, sodass du sie jederzeit an die schützende Hauswand schieben kannst, sollte es mal hageln oder im Winter frostig werden. Auf Seite 50 findest du eine Anleitung für diese rollenden Kistenbeete.

Das System, das ich mir überlegt habe, ist modular. Du kannst also eines oder mehrere Beete umsetzen und auch Kräuter miteinander tauschen. Ich biete dir jeweils weitere Optionen an. Die Idee ist, dass du mehrjährige Beete mit fester Bepflanzung hast und ein einjähriges Beet, das du jedes Jahr neu bestücken kannst. Du musst die Kräuter nicht in Kistenbeete pflanzen, alternativ funktionieren große Töpfe oder Hochbeete.

Die Kräuter sind sehr dicht gepflanzt und du kannst sie immer schön und kräftig ernten, damit sie frisch austreiben. Ich habe hier auf Vielfalt gesetzt, um möglichst viele verschiedene Kräuter ernten zu können. Mit allen vier Beeten sind somit 20 Kräuter und essbare Blüten dabei. Wenn du gerne gemischte Beete mit Kräutern und Gemüse haben möchtest, habe ich dir auf Seite 33 ein paar tolle Kombinationen notiert.

MEDITERRANES BEET – MEHRJÄHRIG

Ein absolutes „Muss" auf dem Kräuterbalkon sind mediterrane Kräuter. Nicht nur weil sie pflegeleicht sind, sondern auch mehrjährig. Einmal angelegt, kann man das ganze Jahr ernten, und bei guter Pflege halten sich die Kräuter viele Jahre.

1 Ernte aus dem mediterranen Beet

2 Ofenkartoffeln mit Rosmarin

DAS IST DRIN IM BEET

Im mediterranen Beet sind Rosmarin, Salbei, Thymian und Oregano die „Hauptdarsteller". Kapuzinerkresse kannst du jedes Jahr neu dazupflanzen, sie dient als Bodendecker und bessert den Boden auf, gleichzeitig bekommt sie durch den sonnigen Standort und den nährstoffärmeren Boden viele Blüten. Im Schatten bildet sie mehr Blätter. Du kannst auch Duft- oder Hornveilchen um die Kräuter pflanzen, die sind ebenso gute Bodendecker und besonders hübsch auf dem Frühlingsbalkon.

SORTENTIPPS

Salbei und Thymian gibt es in vielen Geschmacksrichtungen. Beim Thymian mag ich besonders den Zitronenthymian, aber auch den Arzneithymian. Farblich gefällt mir violetter Salbei sehr. Ich habe Salbei in verschiedensten Beeten und in verschiedenen Formen und Farben stehen. Rosmarin gibt es auch in einer rankenden Variante, die wächst dann das Kistenbeet nach unten. Beim Oregano mag ich die klassischen Arten wie den Griechischen Oregano *(Origanum heracleoticum)* oder den Wilden Dost *(Origanum vulgare)*. Besonders hübsch blüht der Hopfenoregano. Kapuzinerkresse gibt es nicht nur in Rot, Orange und Gelb, sondern auch in Rosa, Apricot und Weiß. Ich habe die Sorte 'Salmon Gleam' in meinem mediterranen Beet. Wenn du Lavendel liebst, kannst du ihn statt einer der Kräuter pflanzen. Lavendel verträgt sich mit allen in diesem Beet.

STANDORT

Mediterrane Kräuter mögen es sonnig. Halbschatten ist auch möglich, schaue aber, dass du sie an die sonnigste Stelle auf deinem Balkon stellst. Wenn die „Gewächshaus-Kräuter“ frisch gekauft und gepflanzt werden, müssen sie sich erst an die direkte Sonne gewöhnen. Daher stelle ich sie die ersten beiden Wochen halbschattig.

ERDE

Ideal ist eine sehr lockere, nährstoffärmere Erde. Es gibt passend dafür mediterrane Erde zu kaufen. Du kannst sie aber auch selbst mischen aus Gartenerde und einem Drittel Tonsubstrat oder Sand. Gib zusätzlich etwas Langzeitdünger unter die Erde. Achte darauf, dass keine Staunässe entsteht, denn das mögen mediterrane Kräuter überhaupt nicht. Eine Drainageschicht kann dabei helfen.

KRÄUTER

Kapuzinerkresse kannst du ab März vorziehen und Mitte Mai ins Beet setzen oder ab Mai direkt ins Beet säen. Sie ist einjährig und du kannst sie jedes Jahr neu dazusetzen. Der Vorteil im mediterranen Beet ist, dass sie in der Sonne und mit nährstoffärmerer Erde viel mehr Blüten bekommt als im Halbschatten. Zudem beschatten ihre Blätter die Erde und schützen diese vorm Austrocknen. Wenn du eine rankende Sorte hast, wächst sie das Kistenbeet runter oder an einer Rankhilfe hoch.

Oregano kaufe ich als Pflanze. Ab Mitte Mai kommt er ins Beet und kann regelmäßig frisch geerntet werden. Oregano schmeckt getrocknet intensiver, daher ernte ich ihn kurz vor der Blüte und schneide ihn etwa 10 cm über dem Boden ab, dann treibt er neu aus und kann im Spätsommer blühen. Die vertrockneten Blütenstängel bleiben für die Insekten über Winter stehen, Ende April gibts dann einen Pflegeschnitt.

Rosmarin kaufe ich als Pflanze, die ab Mitte Mai ins Beet kommt. Er kann das ganze Jahr über geerntet werden, im Winter achtsam ernten. Ich warte auf die Blüten im Frühjahr und danach gibt es einen Pflegeschnitt. Wenn er

1

2

3

1
Rosmarinblüten im Frühjahr

2
Echter Salbei

3
Oreganoblätter zum Trocknen auf einem Küchentuch

zu nass steht, verfärben sich seine Blattspitzen braun.

Salbei kaufe ich als Pflanze, die ab Mitte Mai ins Beet kommt. Du kannst laufend Blätter ernten, am besten Triebspitzen, damit er buschiger nachtreibt. Achtsames Ernten im Winter ist auch möglich. Im Frühjahr gibt es einen Pflegeschnitt, damit er wieder frisch austreibt. Am aromatischsten ist er vor der Blüte. Er ist anfällig für Mehltau, also regelmäßig kontrollieren.

Thymian kaufe ich als Pflanze, sie kommt ab Mitte Mai ins Beet. Du kannst ihn laufend ernten. Im Frühjahr braucht er einen Pflegeschnitt, damit er nicht verholzt. Vor der Blüte ist der Geschmack am intensivsten, du kannst ihn zum Trocknen ernten.

TO-DOS

Frühling

— Kapuzinerkresse ab März vorziehen.
— schützende Mulchschicht vom Vorjahr aus Laub ab März entfernen
— abgesackte Erde mit frischer Erde auffüllen, locker durchharken und etwas organischen Langzeitdünger einmischen
— Erstbepflanzung ab Mitte Mai, nach den Nachtfrösten
— vorgezogene Kapuzinerkresse kann ab Mai ins Beet oder direkt gesät werden

Sommer

— regelmäßig ernten
— Ernteschnitt und Kräuter trocknen
— achtsam gießen

Herbst & Winter

— Im Herbst kannst du die Samen der Kapuzinerkresse ernten.
— vertrocknete Stiele von Oregano für die Insekten stehen lassen
— Eine ca. 5 cm dicke Schutzschicht aus Laub aufbringen.
— Nach dem ersten Frost kann die Kapuzinerkresse entfernt werden.
— Rosmarin, Thymian und Salbei können weiterhin achtsam geerntet werden.

SCHNITT-KRÄUTERBEET – MEHRJÄHRIG

Schnipp, schnapp und ab damit in die Küche! Das praktische Kräuterbeet versorgt dich das Jahr über mit würzigen Kräutern wie Schnittlauch, Schnittsellerie und Schnittknoblauch. Einmal geschnitten, wächst es schnell wieder nach.

DAS IST DRIN IM BEET

Der Clou an diesem Kistenbeet ist, dass die geschnittenen Kräuter immer wieder nachwachsen. Schnittlauch, Schnittknoblauch, Schnittsellerie und Rucola. Zusätzlich gibts Dill und essbare Blüten von den Ringelblumen. Schnittsellerie ist nicht das Gleiche wie Staudensellerie, er wächst etwas kompakter und hat dünnere Stängel. Regelmäßig geerntet, wächst der Schnittsellerie kräftig und macht sich hervorragend in einer mediterranen Tomatensoße und in Eintöpfen. Für fantastische Schnittlauchbrote bekommt der Schnittlauch eine ganze Seite im Beet. Ich kann also von vorne nach hinten ernten, und wenn ich hinten angekommen bin, ist er vorne wieder nachgewachsen. Die Kräuter in diesem Beet brauchen nährstoffreichere Erde und wachsen am besten in Sonne und Halbschatten.

SORTENTIPPS

Schnittlauch gibt es von weiß- bis rosablühend, ähnlich ist es beim Schnittknoblauch. Das sieht nicht nur schön im Beet aus, sondern ist auch hübsch als essbare Deko auf dem Teller. Hier mag ich Zimmerknoblauch *(Tulbaghia violacea)*, der eignet sich auch für die Fensterbank. Rucola 'Red Streaks' ist besonders dekorativ durch seine rot geäderten Blätter. In der Kombination mit Schnittlauch gefällt mir die lachsfarbene Ringelblume 'Pink Surprise' besonders gut. Ringelblumen gibts von weiß bis orange und zartrosa blühend. Statt Rucola kannst du Blutampfer pflanzen, dessen Blätter sind ebenfalls sehr dekorativ.

STANDORT

Hier passt am besten ein halbschattiger bis sonniger Standort.

Ernte aus dem Schnittkräuter-Beet

Selbst gemachte Kräuterbutter

1

2

3

ERDE

Hier brauchst du eine Kräutererde mit etwas mehr Nährstoffen. Dafür mische ich nährstoffreiche Gemüseerde und nährstoffärmere Kräutererde 50/50 zusammen. Dann gebe ich noch eine Schaufel Urgesteinsmehl und ein bis zwei Handvoll Langzeitdünger, z. B. aus Klee, dazu.

KRÄUTER

Dill kannst du selbst vorziehen, direkt aussäen oder kaufen. Bei warmen Temperaturen geht er schnell in die Blüte. Du kannst ihn dann immer noch ernten, allerdings verringert sich das Blattwerk. Wenn du ihn regelmäßig erntest, kannst du die Blüte etwas herauszögern. Schwebfliegen lieben die Blüten und du kannst damit großartig deine Gerichte dekorieren.

Schnittlauch kaufe ich als Pflanze und teile diese in drei Teile für eine Beetreihe. Dazu habe ich zwei Töpfe gebraucht. Zum Ernten 1–2 cm über dem Boden abschneiden, er treibt schnell nach. Die Blüten sind essbar und im Herbst kannst du die Samen sammeln. Er eignet sich gut zum Einfrieren.

Schnittknoblauch kaufe ich auch als Pflanze. Die Blätter schneidest du nah am Boden, sie wachsen wieder nach. Im Sommer ernte ich blattweise, im Herbst schneide ich die Pflanze komplett zurück und friere sie geschnitten ein. Die Blüten schmecken fein nach Knoblauch und sind sehr dekorativ. Im Herbst kannst du den Schnittknoblauch teilen.

Schnittsellerie kannst du gut selbst aussäen. Ich habe ihn als Pflanze gekauft. Ähnlich wie bei der Petersilie schneidest du die Stängel kurz vorm Boden und lässt das „Herz“ stehen, von da aus treibt der Schnittsellerie immer wieder nach. Du kannst ihn bis zum ersten Frost ernten, dann erst wieder im nächsten Jahr. Er lässt sich auch gut einfrieren.

Rucola habe ich im Mai direkt ins Beet gesät. Ich lasse ihn gerne über den Winter stehen,

1 Schnittlauch in Reihe gepflanzt

2 Schnittlauchblüten sind sehr beliebt bei Hummeln und Bienen.

3 Blüte vom Schnittknoblauch

4 Schnittknoblauch wird auch Zimmerknoblauch genannt.

manchmal kann ich ihn sogar noch durchgehend ernten. Ab dem nächsten Frühjahr fängt er auf meinem Balkon mit als Erstes an zu blühen, was Schwebfliegen und Bienen anlockt. Nach der Blüte kommt er raus und ich säe ihn neu an.

Ringelblumen für meine vielen Beete ziehe ich Ende März auf der Fensterbank vor, die Keimlinge kommen dann zur Weiterkultivierung in mein Balkon-Gewächshaus oder ins 18 °C kalte Schlafzimmer, bevor die Jungpflanzen ab Mai nach draußen umziehen.

TO-DOS

Frühling

— Ringelblumen ab März vorziehen oder direkt aussäen
— Ab Mitte März kann die schützende Mulchschicht aus Laub runter.
— Die abgesackte Erde mit etwas frischer Erde auffüllen und locker durchharken, etwas organischen Langzeitdünger mit einmischen.
— Erstbepflanzung ab Mitte Mai nach den Nachtfrösten
— jährlich ab Mai Ringelblumen neu ins Beet setzen
— Rucola ab Mai direkt säen.

Sommer

— Ernten und haltbar machen. Schnittlauch, Schnittknoblauch, Schnittsellerie und Dill können eingefroren werden.
— Regelmäßiges Ernten fördert das Wachstum.
— regelmäßig und achtsam gießen

Herbst & Winter

— Im frühen Herbst kannst du die Samen ernten.
— bei Bedarf Schnittlauch und Schnittknoblauch teilen, siehe Seite 59
— An frostfreien Tagen achtsam gießen.
— Eine etwa 5 cm dicke Schutzschicht aus Laub aufbringen.

KÜCHEN-KRÄUTERBEET – EINJÄHRIG

Wenn ich mir eines der Beete aussuchen müsste, wäre es wahrscheinlich dieses hier. Petersilie und Basilikum sind wohl die Kräuter, die ich am häufigsten in der Küche verwende. In diesem Beet findest du die absoluten Stars der Kräuterküche.

Ernte aus dem Küchenkräuter-Beet

Tomate-Mozzarella mit gelben Tomaten und Basilikum

DAS IST IM BEET

Ich habe viel Petersilie im Beet für Karottengemüse, als Topping für Kartoffelsuppe oder eine Salsa Verde. Zwei bis drei verschiedene Basilikumsorten für Pesto, Tomatensalat, Soßen oder das lilablühende Strauchbasilikum für Insekten und als wunderschöne Deko. Für frische Wok-Gerichte und Flammkuchen gibts Frühlingszwiebeln, die immer wieder nachwachsen (siehe Seite 106). Dazwischen wachsen Ringelblumen, deren Blütenblätter sich super in einer Kräuterbutter machen. *Cosmea,* das Schmuckkörbchen, würde auch gut passen.

SORTENTIPPS & ALTERNATIVEN

Ich koche am liebsten mit der glatten Petersilie 'Gigante Di Napoli', weil mir die geschmacklich und optisch am besten gefällt. Wenn du Petersilie nicht magst, tausche sie einfach mit Koriander oder pflanze 50/50. Statt der Frühlingszwiebel geht auch Schnittlauch oder Schnittknoblauch. Die Ringelblumensorten 'Ivory Princess' oder 'Snow Princess' blühen cremeweiß und sehen superschön neben dem violettblühenden Strauchbasilikum 'Wildes Purpur' oder 'African Blue' aus. Ich liebe Basilikum, vor allem das klassische Genoveser. Daneben gibt es aber eine große Auswahl an verschiedenen Sorten, von Thai- bis Zitronenbasilikum. Es gibt sogar britisches Basilikum, *Ocimum basilicum* 'British', ein Strauchbasilikum mit Genoveser-Geschmack, aber sehr robust und somit gut für norddeutsches Wetter geeignet. Für die kulinarische Vielfalt auf dem Teller lohnt es sich immer wieder, neue Sorten auszuprobieren. Jedes Jahr teste ich eine neue Sorte, dieses Jahr das indische Basilikum, auch Tulsi genannt. Schon jetzt einer meiner Favoriten, sehr zimtig, würzig und eine unglaublich aromatische Teepflanze mit wunderschönen Blüten.

1

2

STANDORT

Sonnig und windgeschützt sind ideal, Halbschatten ist auch möglich. Regelmäßig gießen, aber Staunässe vermeiden.

ERDE

Leichte, gut durchlässige Kräutererde mit höherem Nährstoffgehalt. Dazu mischst du Kräutererde mit Gemüseerde 50/50 und gibst für den Start einen Langzeitdünger dazu. Eine Drainage kann helfen, das Wasser besser ablaufen zu lassen, um Staunässe zu vermeiden.

KRÄUTER

Basilikum kaufe ich als Pflanze, sie lässt sich auch super im März vorziehen. Ernte oberhalb einer Blattachse für buschigeres und starkes Wachstum. Du kannst sie vor dem ersten Frost in Töpfe umpflanzen und auf deiner Fensterbank weiter ernten. Basilikum ist sehr kälteempfindlich. Strauchbasilikum kaufe ich als Pflanze. Die Ernte ist wie beim klassischen Basilikum oberhalb einer Blattachse. Die Blüten sind wie die Blätter dekorativ und essbar.

Kosmee kann ab März auf der Fensterbank vorgezogen werden und kommt Mitte Mai ins Beet. Sie ist einjährig. Die Blüten sind essbar, man kann sie frisch verwenden oder für bunte Teemischungen trocknen. Verblühte Blütenköpfe regelmäßig abknipsen, um die Knospenbildung zu fördern.

Frühlingszwiebeln kaufe ich als Bund im Bioladen. Ich schneide das Grün etwa 5 cm vor der Zwiebel ab und verwende es zum Kochen. Die Wurzeln kannst du einpflanzen und schon nach kurzer Zeit das frische Grün ernten, es treibt immer wieder nach. Du kannst die grünen Halme mehrfach ernten, bis sie irgendwann kraftlos werden. Dann könntest du neue Zwiebeln stecken.

Petersilie aussäen oder als Pflanze kaufen und ab Mitte Mai ins Beet setzen. Für die Ernte regelmäßig ganze Stiele schneiden. Lass die kleinen

1 Gekauften Basilikum teilen und mit mehr Abstand zueinander pflanzen

2 Thaibasilikum, Strauchbasilikum und Genoveser Basilikum in einem Kistebeet

3 Frühlingszwiebeln pflanzen

4 Frühlingszwiebeln in 3 Tagen nachgewachsen

Stiele in der Mitte (das „Herz") stehen, denn von dort treibt die Pflanze neu aus. Gelbe Blätter können ein Zeichen von Nährstoffmangel sein. Du kannst auch über den Winter hinweg ernten. Im nächsten Frühjahr fängt die Pflanze an zu blühen, ab da solltest du sie nicht mehr essen, da sie leicht giftig wird.

Ringelblumen ziehe ich ab März auf der Fensterbank vor oder säe sie ab Ende April direkt ins Beet. Sie sind einjährig.

TO-DOS

Frühling

— Ringelblume und Kosmee ab März vorziehen oder direkt aussäen
— Ab Mitte März kann die schützende Mulchschicht aus Laub runter.
— abgesackte Erde mit frischer Erde auffüllen, locker durchharken und organischen Langzeitdünger einmischen
— Erstbepflanzung ab Mitte Mai
— Frühlingszwiebel ab Mai setzen
— Ringelblumen und Kosmeen jährlich neu ins Beet setzen

Sommer

— Ernte – direkt verarbeiten oder haltbar machen
— Regelmäßiges Ernten fördert das Wachstum.
— regelmäßig und achtsam gießen

Herbst & Winter

— Im frühen Herbst kannst du Samen ernten.
— Bei Bedarf das Basilikum vor dem Frost ausgraben, in Töpfe pflanzen und auf die Fensterbank stellen.
— Leere Stellen können mit Spinat oder Wintergemüse gefüllt werden.
— An frostfreien Tagen achtsam gießen.
— Petersilie mit Laub oder Tannenzweigen etwas schützen, so kannst du über den Winter weiter ernten.

TEEKRÄUTER-BEET – MEHRJÄHRIG

„It's Teatime!" Mit diesem duftenden Kräuterbeet hast du rund ums Jahr eine aromatische Auswahl an Teekräutern, für wohltuenden Tee an kalten Tagen und erfrischenden Eistee im Sommer. Aber nicht nur für Tee, sondern auch für die Kulinarik sind Geschmackserlebnisse geboten.

Ernte vom Teekräuter-Beet

Selbst gemachter Tee aus frischen Kräutern

DAS IST IM BEET

Klassiker wie Minze, Melisse und Zitronenverbene für ein wunderbar würzig-fruchtiges Aroma. Anis-Ysop, der mit seinen Blüten Schmetterlinge anlockt und dessen Blätter fein nach Lakritz schmecken. Dieses Beet ist mit seinen vielen Blüten, weitere kommen von Kosmee und Ringelblume, auch toll für Insekten und eine echte Augenweide. Wenn du die Blüten mit in deine Teemischungen gibst, sind es auch schöne Geschenke für Familie und Freunde.

SORTENTIPPS & ALTERNATIVEN

Bei der Auswahl der Minze sind keine Grenzen gesetzt, ich probiere mich seit Jahren durch verschiedene Sorten, von Apfel- bis Schokominze. Für Tee ist besonders die Marokkanische Minze fein. Letztes Jahr hatte ich eine Erdbeerminze und fand das Aroma sensationell. Bei der Melisse kannst du die klassische Zitronenmelisse verwenden, sie schmeckt wunderbar. Die Weiße Melisse, auch Zitronen-Katzenminze genannt, schmeckt außergewöhnlich pudrig-zitronig und hat zudem hübsche weiße Blüten. Die Goldmelisse *(Monarda)* hat farbenprächtige essbare Blüten und ein feines Zitrusaroma. Ich mag besonders Anis-Ysop *(Agastache),* ihn gibt es in vielen Sorten und Farben, wie beispielsweise *Agastache mexicana,* die auch Limonarden-Pflanze genannt wird, aber nicht winterhart ist. Alternative Teekräuter wären die mexikanische Würztagetes Yauhtli, sie schmeckt fein nach Anis. Wunderschön und ein wahrer Bienenmagnet ist auch die Wilde Malve, sie färbt den Tee prächtig ein. Ebenso die Kamille – die steht allerdings nicht gerne neben Minze (die ist aber in einer Wurzelsperre, dazu gleich mehr auf Seite 110).

STANDORT

Die Kräuter in diesem Beet mögen es sonnig. Halbschattig ist auch ok.

ERDE

Diese Kräuter haben einen eher mittleren Nährstoffbedarf. Ich mische die Kräutererde 50/50 mit einer nährstoffreicheren Gemüseerde. Zum Aktivieren des Bodenlebens gibts eine Schaufel Urgesteinsmehl und eine gute Handvoll Langzeitdünger wie Klee.

KRÄUTER

Kosmee kann ab März auf der Fensterbank vorgezogen werden und kommt Mitte Mai ins Beet. Sie ist einjährig. Gekaufte Kosmeen sind oft sehr buschig und passen nur schwer in ein kleines Kistenbeet mit vielen Kräutern. Die Blüten sind essbar, man kann sie frisch verwenden oder für bunte Teemischungen trocknen. Verblühte Blütenköpfe regelmäßig abknipsen, um die Knospenbildung zu fördern.

Minze kaufe ich als Pflanze. Sie breitet sich stark aus, daher braucht sie eine Wurzelsperre. Sie kommt in einen größeren Plastiktopf dessen Boden rausgeschnitten ist und wird mit samt dem Topf eingepflanzt. So kann sie zwar nach unten wachsen, aber nicht zur Seite.

Melisse kaufe ich als Pflanze. Im Juni und Juli schneide ich sie komplett auf ein Drittel zurück, dann treibt sie nochmals aus. Über Winter zieht sie sich in die Erde zurück, in den vertrockneten Stängeln überwintern viele Insekten, daher schneide ich diese erst ab April.

Ringelblume ziehe ich ab März auf der Fensterbank vor oder säe sie ab Ende April direkt ins Beet. Sie ist einjährig und muss jährlich neu ausgesät werden. Ernte die Blüten oder schneide vertrocknete Blüten ab, damit sie länger blüht. Ab September kannst du die Blüten stehen lassen, um Samen für das nächste Jahr zu sammeln.

Anis-Ysop kaufe ich als Pflanze. Diese Duftnessel ist mehrjährig und treibt, wie die Melisse, jedes Jahr wieder aus. Du kannst die Staude alle

1

2

2 Jahre teilen und auf mehrere Balkonkästen aufteilen oder verschenken.

Zitronenverbene kaufe ich als Pflanze. Sie ist mehrjährig, aber nicht winterhart. Vor Frost muss sie geschützt werden. Im Herbst kannst du sie ausgraben und in einen Topf pflanzen, um sie kühl zu überwintern, siehe Seite 84. Ich ernte großzügig, damit sie buschig bleibt und weitere Seitentriebe bildet.

TO-DOS

Frühjahr

— Kosmeen und Ringelblumen ab März vorziehen
— Ab Mitte März kann die schützende Mulchschicht aus Blättern runter.
— abgesackte Erde mit etwas frischer Erde auffüllen und locker durchharken, etwas organischen Langzeitdünger mit einmischen
— Nach etwa 2 Jahren kannst du Melisse, Minze und Anis-Ysop teilen, um sie zu verjüngen, siehe Seite 59.
— Erstbepflanzung ab Mitte Mai nach den Nachtfrösten.
— jährlich ab Mai kommen Ringelblumen und Kosmeen neu ins Beet
— Mitte Mai kann die Zitronenverbene wieder ins Beet.

Sommer

— Ernten und trocknen und Teemischungen kreieren
— frischen Eistee oder Sirup für Limonade herstellen und genießen
— regelmäßig gießen

Herbst & Winter

— Im frühen Herbst kannst du Samen ernten.
— Im Herbst die vertrockneten Stiele von Melisse, Anis-Ysop und Minze stehen lassen, damit Insekten darin überwintern können.
— Eine etwa 5 cm dicke Schutzschicht aus Laub aufbringen.

3

1 Für die Wurzelsperre der Minze den Boden eines Plastik-Pflanztopfs abschneiden

2 Minze mit Wurzelsperre ins Beet pflanzen, um eine Ausbreitung zu vermeiden

3 Anis-Ysop ist nicht nur schmackhaft im Tee, sondern auch ein echter Insektenmagnet.

KRÄUTER IN DER KÜCHE

VOM BALKON AUF DEN TELLER

Kräuter in der Küche heben deine Gerichte auf das nächste Level. Gekonnt kombiniert, kannst du wahre Geschmackserlebnisse kreieren und visuell begeistern, denn das Auge isst mit. Hier gibts Tipps, wie du Kräuter in der Küche einsetzen und haltbar machen kannst.

1 Sommer-Balkonernte mit Gemüse und Kräutern

2 Ofengemüse mit frischen Kräutern

KOCHEN MIT KRÄUTERN

Jedes Gericht schmeckt einfach besser mit Kräutern! Dabei gibt es Kräuter und Zutaten, die besonders gut miteinander harmonieren. Damit du das ganze Jahr über frische, selbst geerntete Kräuter genießen kannst, gibt es verschiedene Methoden, um deine Ernte haltbar zu machen.

Je weicher das Kraut, desto eher wird es frisch und nur kurz oder gar nicht gekocht – wie Basilikum. Härtere, holzige Kräuter wie Rosmarin hingegen sollten früher dazu, damit sich ihr Aroma gut entfalten kann.

WEICHE KRÄUTER

Basilikum, Petersilie, Kerbel, Koriander, Dill, Schnittlauch, Schnittknoblauch, Estragon, Rucola, Fenchel, Borretsch, Blätter vom Liebstöckel, Minze, Bärlauch, Kümmel.

HARTE KRÄUTER

Bohnenkraut, Oregano, Majoran, Rosmarin, Thymian, Ysop, Lorbeer, Salbei, Lavendel, Stiele von Petersilie, Liebstöckel & Schnittsellerie.

DAS AUGE ISST MIT

Früher habe ich das nicht verstanden, wenn meine Mama immer irgendwelches Grünzeug auf das Essen gemacht hat. Selbst auf dem Dessert war ein Minzblättchen. Das wurde oft nicht mal gegessen, als Kind fand ich das komisch. Heute weiß ich, wie wertvoll es ist, wenn man sich beim Anrichten des Gerichtes Mühe gibt. Dafür bin ich meiner Mama sehr dankbar, weil sie mir die Wertschätzung des Essens beigebracht hat. Gefühle und der Verstand sind ebenfalls aktiv, wenn wir essen, und können unsere Wahrnehmung und sogar den Geschmack des Essens beeinflussen. Gehackte Petersilie auf der Kartoffelsuppe oder eben das Minzblatt auf dem Vanilleeis.

Kräuter auf der Darre

Blüten-Eiswürfel

Teekräuter

Kräuterstrauß

KRÄUTER HALTBAR MACHEN

Am liebsten koche ich mit frischen Kräutern, es gibt allerdings auch einige Möglichkeiten, um Kräuter haltbar zu machen. Hier zeige ich dir meine liebsten Methoden.

TROCKNEN

Ernte Kräuter an einem trockenen, sonnigen Tag, wenn sie aromatisch sind. Achte darauf, gelbe oder beschädigte Blätter zu entfernen. Kräuter müssen an einem luftigen und warmen Ort trocknen, aber nicht in der direkten Sonne. Du kannst sie zu Sträußen binden und kopfüber aufhängen oder im Dörrgerät trocknen. Ich zupfe meist die Blätter einzeln ab und lege sie auf ein sauberes Küchentuch oder eine Darre. Nach dem Trocknen in luftdichten Behältern an einem kühlen, dunklen Ort lagern. Besonders gut zum Trocknen eignen sich: Oregano, Majoran, Lorbeer, Thymian, Rosmarin und Lavendel.

TEEMISCHUNGEN

Aus getrockneten Kräutern stelle ich gerne Teemischungen zusammen. Deiner Fantasie sind keine Grenzen gesetzt. Essbare Blüten lassen die Mischungen ganz zauberhaft aussehen, manche Blüten wie die der Malve, können sogar den Tee einfärben. Solche Teemischungen sind noch dazu tolle Geschenke. Diese Kräuter eignen sich besonders gut für Tees: Zitronenverbene, Wilde Malve, Weiße Melisse, Anis-Ysop, Zitronenmelisse, Goldmelisse, Indisches Basilikum (Tulsi), Thymian, Rosmarin, Salbei, Kamille, Minzen wie Marokkanische Minze, Erdbeerminze oder Pfefferminze.

EINFRIEREN

Ernte deine Kräuter frisch und entferne gelbe Blätter sowie Verunreinigungen. Am besten vor dem Ernten am Tag zuvor abbrausen, dann sind sie beim Einfrieren trocken. Die Kräuter grob oder fein hacken und in einen verschließbaren Frischhaltebeutel oder eine Frischhaltedose luftdicht verpacken. Besonders gut zum Einfrieren eignen sich Dill, Petersilie, Schnittlauch, Schnittknoblauch, Kerbel und Koriander. Alternativ kannst du Kräuter in Eiswürfelformen mit gutem Olivenöl oder Wasser auffüllen. Für diese Methode eignen sich Rosmarin, Thymian und Salbei. Die Würfel kannst du dann zum Kochen perfekt dosieren. Verwende eine Sorte oder stelle dir deine eigene Kräutermischung zusammen. Besonders hübsch sind Blüteneiswürfel für erfrischende Sommergetränke. Einfach essbare Blüten von Malve, Ringelblume, Kornblume, Hornveilchen. Lavendel oder Tagetes in die Eiswürfelform geben und mit Wasser auffüllen.

KRÄUTERSTRAUSS

Ein ganz besonderes Geschenk. Wenn ich irgendwo eingeladen bin, bringe ich gerne einen essbaren Kräuterstrauß aus Kräutern und essbaren Blüten mit. Der ist nicht nur essbar, sondern auch wunderschön.

Mein Tipp
Kräuter halten im Kühlschrank länger frisch, wenn du sie in ein Glas mit ca. 2 cm Wasser stellst oder in ein feuchtes Küchentuch wickelst.

Kräuteressig und -öl

Anrichten mit grünem Kräuteröl

KRÄUTERESSIG

Ich verwende am liebsten einen neutralen Brandweinessig. Ein hochwertiger Wein- oder Obstessig ist auch gut, allerdings bringen die schon einen eigenen Geschmack mit. Der Essig sollte etwa 5 % und nicht unter 3 % haben. Wir machen eine „Heißextraktion", so werden die Aromen schneller und intensiver herausgelöst. Gebe 500 ml Essig mit 50 g gewaschenen Kräutern und ggf. Gewürze in einen Topf (1 : 10) und erhitze diesen auf ca. 60–70 °C. Lass den Ansatz abkühlen und filtere ihn dann durch ein Mulltuch oder eine Küchenrolle. Jetzt nur noch in saubere Flaschen füllen. Du kannst auch mit verschiedenen Gewürzen und Früchten arbeiten. Ein bis zwei Lorbeerblätter, Pfefferkörner, Wacholderbeeren und Senfkörner passen super zu einem Kräuteressig. Besonders blumig und fruchtig wird es mit Zitronenschale, Holunder- und Lavendelblüten.

KRÄUTERÖL

Für Kräuteröl eignet sich hochwertiges Oliven- oder Rapsöl kombiniert mit holzigen Kräutern wie Rosmarin, Thymian oder Oregano. Gebe 50 g frische Kräuter und 500 g Öl (1 : 10) in einen Topf und erhitze das Öl auf 60 °C (nicht kochen!). Dann von der Hitze nehmen und durch ein Mulltuch oder eine Küchenrolle filtern. Optional kannst du auch Knoblauch und Chili zu den Kräutern hinzufügen. Es hält sich etwa 2–3 Monate, je besser gefiltert, desto länger. Als Deko kannst du beispielsweise einen Zweig vom Rosmarin kurz blanchieren, abtrocknen und in die Flasche mit Öl geben, das ist natürlich besonders hübsch, wenn man es verschenken möchte.

GRÜNES GOURMET-KRÄUTERÖL

300 ml Raps- oder Sonnenblumenöl auf 60 °C erwärmen. Ein Bund weiche Kräuter wie Schnittlauch, Petersilie, Kerbel, Bärlauch oder Basilikum mit dem Öl 3 Minuten im Mixer zerklei-

Lavendel-Malven-Sirup

Kräutersalz & Lavendelzucker

nern. Durch ein Mikrosieb abseihen, ohne zu drücken. Auf einem Eisbad rasch abkühlen lassen. Im Kühlschrank ist es etwa 1 Monat haltbar. Ideal zum Garnieren und Aromatisieren.

KRÄUTERSIRUP

Für erfrischende Kaltgetränke im Sommer oder zum Verfeinern von Süßspeisen ist Kräutersirup etwas ganz Besonderes. Ich verwende ein Mischverhältnis von etwa 1 : 3. Für 500 ml Sirup: Erhitze 500 ml Wasser, den Saft einer Zitrone und 150 g Zucker, bis er sich auflöst. Gebe 2–3 EL Kräuter dazu und lasse alles 5–10 Minuten köcheln. Vom Herd nehmen und 15 Minuten ziehen lassen. Alles durch ein Sieb geben und in saubere Flaschen füllen. Der Sirup hält sich im Kühlschrank etwa 2 Wochen.

Du kannst zu den Kräutern auch Gewürze wie Fenchelsamen oder Vanille dazugeben. Hier ein paar Ideen für schmackhafte Kombinationen: Lavendel–Zitrone–Vanille, Zitronenverbene–Malve (für die Farbe), Minze–Zitrone.

KRÄUTERSALZ

100 g grobes Meersalz, 10 g frische Kräuter in einen Mixer geben und achtsam zerkleinern, sonst gibts Salzstaub. Optional kannst du auch Zitronenschale, Pfeffer, Knoblauch, Chili oder Ingwer dazugeben. Das noch feuchte und knallgrüne Salz auf einem Backblech ausbreiten und ein paar Tage durchtrocknen lassen. Dann in ein Glas geben und kühl und trocken lagern. Es eignet sich super als Geschenk. Essbare Blüten geben eine tolle Optik.

LAVENDELZUCKER

Wird genauso hergestellt wie das Kräutersalz. Ich gebe gerne noch Zitronenschale und Vanille dazu. Verwende 10 g Lavendelblüten auf 100 g Zucker, gebe etwas Zitronenschale und eine Messerspitze Vanille dazu und ab in den Mixer. Damit lassen sich wunderbar Süßspeisen verfeinern. Lavendel passt geschmacklich hervorragend zu Aprikosen.

FOOD PAIRING – PERFECT MATCHES

Food Pairing ist die Kunst, Lebensmittel so zu kombinieren, dass sich die Aromen harmonisch ergänzen und verstärken, also ein „Perfect Match“ der Aromen. Ich zeige dir, wozu ich die Kräuter am liebsten kombiniere und welche vielen Kombinationen es in der Kulinarik gibt.

Petersilie

Basilikum, Schnittlauch, Koriander, Dill, Chili, Knoblauch, Zitrone, Olivenöl, Kapern, Karotte, Aubergine, Zucchini, Paprika, Kartoffeln, Kürbis, Pilze, Oliven, Linsen, Feta, Ei, Speck, Rindfleisch, fettiger Fisch, Meeresfrüchte, Sardellen, geräucherte Zutaten wie Fisch oder Räuchertofu.

Basilikum

Minze, Petersilie, Fenchel, Estragon, Anis, Tomaten, Knoblauch, Chili, Zitrone, Himbeeren, Erdbeeren, Ziegenkäse, Mozzarella, Ei, Meeresfrüchte, Fisch, Huhn.

Schnittlauch & Frühlingszwiebeln

Petersilie, Basilikum, Minze, Rosmarin, Chili, Zitrone, Knoblauch, Zwiebeln, Blumenkohl, Tomate, Gurke, Spargel, Radieschen, Kartoffeln, Rote Bete, Krautsalat, Pilze, Oliven, Honig, Ei, Feta, Quark, Joghurt, Lachs, Rind, Huhn.

Dill

Schnittlauch, Petersilie, Minze, Borretsch, Gurke, Essiggurke, Zucchini, Karotte, Kartoffeln, Erbsen, Avocado, Rote Bete, Zitrone, Kapern, Pilze, Räuchertofu, Ei, Fisch, Räucherlachs, Meeresfrüchte.

Gewürzfenchel

Petersilie, Basilikum, Minze, Karotte, Kartoffeln, Chili, Tomate, Blumenkohl, Erbsen, Spargel, Steckrübe, Gurke, Birne, Zitrone, Orange, Oliven, Olivenöl, Walnuss, Pilze, Joghurt, Ei, Feta, Speck, Salami, Schwein, Lamm, heller Fisch.

Minze

Petersilie, Dill, Basilikum, Koriander, Kohlrabi, Artischocke, Kartoffeln, Chili, Pfirsich, Feige, Erdbeeren, Himbeeren, Johannisbeeren, Avocado, Zitrone, Orange, Limette, Wassermelone, Ingwer, Pilze, Schokolade, Joghurt, Feta, Lamm, Rind, Fisch.

Rosmarin

Thymian, Salbei, Oregano, Schnittlauch, Kartoffeln, Karotten, Süßkartoffeln, Kürbis, Zwiebeln, Knoblauch, Zitrone, Orange, Oliven, Olivenöl, Mandeln, Aprikosen, Pfirsich, Esskastanien, Tomatensoßen, Schokolade, Pilze, Räuchertofu, Speck, Lamm, Rind, Brathühnchen, fettiger Fisch, Sardellen.

Thymian

Rosmarin, Salbei, Petersilie, Kürbis, Zucchini, Aubergine, Paprika, Kartoffeln, Süßkartoffeln, Karotten, Tomaten, Oliven, Olivenöl, Zitrone, Orange, Knoblauch, Honig, Pilze, Feta, Ziegenkäse, Speck, Rind, Huhn, Fisch.

Salbei

Rosmarin, Thymian, Wacholder, Kartoffeln, Süßkartoffeln, Kürbis, Knoblauch, Spinat, Tomate, Zitrone, Honig, Apfel, Ananas, Butter, Olivenöl, Muskatnuss, Ei, Schafskäse, Blauschimmelkäse, Schinken, Speck, Huhn, Rind, Schwein.

Oregano

Salbei, Rosmarin, Tomate, Karotte, Kartoffel, Aubergine, Zucchini, Blumenkohl, Chili, Knoblauch, Birne, Kürbis, Bohnen, Erbsen, Pilze, Feta, Räuchertofu, Speck, Schwein, Steak, Lamm, heller Fisch, Huhn.

Mein Tipp

Jetzt bist du dran! Probiere vieles aus und begib dich auf eine kulinarische Reise der Aromen. Finde heraus, was dir am besten schmeckt. Ich wünsch dir viel Spaß beim Entdecken und Kochen!

ZUM WEITERLESEN AUS DEM KOSMOS VERLAG

Engwert, Carolin: **Abenteuer Garten.** Mein erstes Jahr im Schrebergarten. Das Anfängerbucht für alle Kleingärtner.

Klein, Anja: **Kleiner Garten – so viel drin.** Selbstversorgung mit Gemüse, Obst und Blumen.

Fowler, Alys: **Alys`Küchengarten.** Aus dem Garten auf den Tisch!

Grieb, Ortrud: **Wer kann mit wem im Beet?** Die Besten Partner – pflegeleicht & ökologisch.

Trauer, Lisa-Maria: **Selbstversorgung aus dem Balkon Hochbeet.** Was mache ich wann? Erfolgreich ernten auf kleinem Raum.

Bohne, Burkhard: Kräuter – **Es geht auch einfach!**

Öhlenbach, Melanie: **Grüner geht's nicht.** Nachhaltig Gärtnern auf dem Balkon.

NÜTZLICHE ADRESSEN

Saatgut

www.bingenheimersaatgut.de

www.dreschflegel-shop.de

www.borago.de

www.mycottagegarden.de

www.deaflora.de

www.keimzeit-saatgut.de

www.magicgardenseeds.de

Stauden und Kräuter

www.gaissmayer.de

www.allgaeustauden.de

www.kraeuter-und-duftpflanzen.de

www.bio-kraeuter.de

www.baumschule-horstmann.de

Nützlinge & Bio-Zweige

www.gruenteam-versand.de

www.bio-christbaeume-fuss.de

Gartenblogs

www.der-kleine-horror-garten.de

www.hauptstadtgarten.de

www.garten-fraeulein.de

www. mycottagegarden.de

YouTube

Der kleine Horrorgarten

Gartengemüsekiosk

SelfBio

REGISTER

Fette Seitenzahlen verweisen auf Abbildungen.

A

Alte Erde 49
Anbau, Fensterbank 60, **61**
Anis-Ysop 110, **111**
Anordnung Pflanzen & Töpfe **24**, 25
Anzuchterde 49, 57
Anzuchtplatte 46, **46**
Anzuchtstation **21**
Anzuchttöpfe 57
Apfelminze **28**
Aussaat **56**, 57, 89 f.

B

Balkongeländer 20
Ballbrause 46, **46**
Basilikum 106, **106**, 120
Basilikum, Fensterbank 60, **61**
Basilikum, Indisches **28**
Beet, Küchenkräuter **95**, 105 ff., **105 ff.**
Beet, Mediterranes **95**, 97 ff., **97 ff.**
Beet, Schnittkräuter- 95, 100 ff., **100 ff.**
Beet, Teekräuter- 95, 108 ff., **108 ff.**
Beete, vertikale 20, **20 f.**
Bepflanzung, Töpfe & Beete 63 ff., **63 ff.**
Bergminze 37
Beschriftung 46, **46**
Bestandsaufnahme 9
Bewässerungssysteme, automatische 69
Blattläuse 75 f., **76**
Blüten, essbare 34 f., **34 f.**, 117
Bodenbearbeitung 69
Bodendecker **24**, 25, 31
Bodenleben 49
Bodenstruktur 49
Borretsch 34, **34**
Brause, Ball- 46, **46**
Brennnessel-Sud 77

C

Chelsea Chop 71, 90

D

Dachbegrünung 37, **37**
Darre **116**, 117
Dill 102, 120
DIY Kistenbeet **50**, 51
Drainage 15, 63, **63**
Duftveilchen 34, **34**
Düngen 66, **66**, 84

E

Eimer, Werkzeuge 45, **45**
Einfrieren 117
Einjährige Kräuter 29
Eiswürfel 117
Erbsensprossen **61**
Erde 49
Erde aufbessern 49
Erde, alte 49
Erde, Anzucht 57
Erdpresse 46, **47**
Erdpresstöpfe 46, **47**, 57
Ernte, Winter 84
Ernteschnitt 73
Essbare Blüten 34 f., **34 f.**, 117
Essig, Kräuter 118, **118**

F

Fensterbank 21, **21**
Fensterbank, Kräuteranbau 60, **61**
Florfliege **78**, 79
Flüssigdünger 66
Food Pairing 120, **121**
Frühjahrsputz 89
Frühlingszwiebeln 106, **107**, 120
Füllpflanzen **24**, 25

G

Gartenschaufel **45**, 47
Gartenschere 47, **47**, 77
Gärtnern, nachhaltig 17
Gemüseerde 49
Gewächshaus 82, **82**
Gewürzfenchel **24**, 120
Gießen 14 f., 69, 84

H

Halbschatten, Kräuterauswahl 14
Haltbar machen **116 ff.**, 117 ff.
Hängepflanzen **24**, 25
Hochbeete 20, **20**
Hopfenoregano **8**
Hornspäne 49
Hornveilchen 34, **34**
Hummeln 37

I

Insekten 37

J

Jahrespflege 89 ff., **89 ff.**
Jute 82

K

Kapuzinerkresse **15**, **24**, 35, **35**, 98
Kauf, Kräuter 55
Kistenbeet, DIY **50**, 51
Klee-Pellets 49, 60, 66, **66**
Kleinstzikaden 76, **76**
Kletterpflanzen **24**, 25
Knoblauch-Tee 77
Kompost 66

Kosmee 34, **34**, 106, 100
Krankheiten vorbeugen 77
Kräuter kaufen 55
Kräuter, einjährige 29
Kräuter, harte 115
Kräuter, mehrjährige 17, 29
Kräuter, weiche 115
Kräuter, zweijährige 29
Kräuterauswahl, Halbschatten 14
Kräuterauswahl, Schatten 15
Kräuterauswahl, Sonne 14
Kräutererde 49
Kräuteressig 118, **118**
Kräuteröl 118, **118**
Kräutersalz 119, **119**
Kräutersirup 119, **119**
Kräuterstrauß 91, **116**, 117
Küchenkräuter-Beet **95**, 105 ff., **105 ff.**

L

Langzeitdünger 60, 66, **66**
Laub 81
Lavendel, Rückschnitt 72 f., **72 f.**
Lavendelzucker 119, **119**
Lehmwespe **75**
Lückenfüller **24**, 25
Luftzirkulation 15

M

Marienkäfer **78**, 79
Mediterrane Erde 49
Mediterranes Beet **95**, 97 ff., **97 ff.**
Mehltau 76, **77**
Mehrjährige Kräuter 17, 29
Melisse 110
Melisse, Weiße **28**
Minze 110, **110**, 120
Mischkultur **13**, **24**, 25, **30 ff.**, 31 ff., 77
Mittelzehrer 49
Mulchen 14 f., 69
Multi-Topfplatte 46, **46**
Musterbeete 94 ff., **94 ff.**

N

Nachhaltig gärtnern 17
Nährstoffe 49
Nährstoffmangel 66
Nützlinge 31, **78**, 79

O

Ohrenkneifer 79
Öl, Kräuter 118, **118**
Öle, ätherische 31
Olla 14, 69
Oregano 37, 98, **99**, 120

P

Petersilie **28**, 106, 120
Petersilie, Fensterbank 60, **61**
Pflanzen, Anordnung **24**, 25
Pflanzenaufstellung 64, **64**
Pflanzenschilder 46, **46**
Pflanzenschutz 74 ff., **75 ff.**
Pflanzentreppe **21**
Pflanzloch 64
Pflanzmatte 45
Pflanztisch **55**
Pflege, Jahresverlauf 89 ff., **89 ff.**
Pflegeschnitt 72
Pikieren **57**, 58
Planen 8 f.,
Platz sparen 20, **20 f.**
Platzbedarf 19

Q

Qualität 17

R

Rankhilfen **22**
Regale 20 f., **20 f.**
Remontierschnitt 71 f., 90
Ringelblume 35, **35**, 103, 106, 110
Rosmarin 98, **98**, 120
Rückschnitt 71
Rucola 103

S

Salbei **98**, 99, 120
Salz, Kräuter 119, **119**
Schädlinge 31
Schatten, Kräuterauswahl 15
Schlupfwespe **78**, 79
Schmetterlinge 37
Schnittformen 71 f., **72 f.**
Schnittknoblauch 102, **102**
Schnittkräuter-Beet **95**, 100 ff., **100 ff.**
Schnittlauch 36, **37**, 102, **102**, 120
Schnittlauch, Fensterbank 60
Schnittsellerie 102
Schwachzehrer 49
Schwebfliege **78**, 79
Sirup, Kräuter 119, **119**
Sitzplätze 40 f., **40 f.**
Sonne, Kräuterauswahl 14
Sonneneinstrahlung 14
Spinnmilben 76, **76**
Sprossen, Erbsen 60, **61**
Standort 12 ff., **12 ff.**
Standort-Künstler 15
Staunässe 14, 49, 77
Stecklinge 58 f., **58 f.**
Strauchbasilikum **24**, 106, **106**
Stühle, klappbare 41
Substrat 49

T
Tagetes 35
Teekräuter 117
Teekräuter-Beet 95, 108 ff., **108 ff.**
Teemischungen **116**, 117
Teilung 59, **59**
Thaibasilikum 106
Thymian 99, 120
Töpfe, Anordnung **24**, 25
Topfgröße 22
Torf 49
Traglast 13
Trauermücken 57
Trocknen 90, **116**, 117

U
Überwinterung 81 ff., **81 ff.**
Upcycling, Erde 49
Urgesteinsmehl 49, 66

V
Vermehrung **56**, 57 ff., **58 f.**
Vermiculite 14, 57
Verwendung 115
Vlies 63, **63**, 82
Vorbeugung, Krankheiten 77

W
Wasser sparen 14
Wasserbedarf 69
Werkzeuge 17, 44 ff., **44 ff.**
Wetterschutz 13
Wiesensalbei 37, **37**
Wildbienen 37
Wildkräuter 79
Winterernte 84
Winterschutz 29, 81 ff., **81 ff.**, 91
Wurzelsperre, Minze 110

Z
Zero Waste 17
Zitronenverbene 111
Zubereitung 115
Zucker, Lavendel 119, **119**
Zweijährige Kräuter 29

BILDNACHWEIS

189 Farbfotos und 21 Illustrationen von Lisana Hartl.
Außerdem mauritius images / FLPA/Nigel Cattlin/imageBROKER S.76 uli; shutterstock/Buntan S. 78 ure.

IMPRESSUM

Umschlaggestaltung von Claudia Eder – Konzept und Gestaltung –.
Alle Abbildungen von Lisana Hartl.

Alle Angaben in diesem Buch sind sorgfältig geprüft und geben den neuesten Wissensstand bei der Veröffentlichung wieder. Da sich das Wissen aber laufend in rascher Folge weiterentwickelt und vergrößert, muss jeder Anwender prüfen, ob die Angaben nicht durch neuere Erkenntnisse überholt sind. Dazu muss er zum Beispiel Beipackzettel zu Dünge-, Pflanzenschutz- bzw. Pflanzenpflegemitteln lesen und genau befolgen sowie Gebrauchsanweisungen und Gesetze beachten. Die Blütenfarben sind sortenabhängig, daher können auch Farben auf dem Markt sein, die im Buch nicht genannt werden. Die Blütezeiten sind ebenfalls sortenabhängig, aber auch klima- und standortabhängig. Die angegebenen Wuchshöhen und -breiten der Pflanzen sind Mittelwerte. Sie können je nach Nährstoffgehalt des Bodens variieren. Verschiedene Sorten können deutlich größer oder auch kleiner wachsen als die Art.

Unser gesamtes Programm finden Sie unter **kosmos.de**.
Über Neuigkeiten informieren Sie regelmäßig unsere Newsletter, einfach anmelden unter **kosmos.de/newsletter**

Gedruckt auf umweltfreundlichem Papier.

ISBN 978-3-440-18275-8
Projektleitung: Birgit Grimm
Redaktion: Birgit Grimm
Gestaltungskonzept: Claudia Eder – Konzept und Gestaltung –, Pocking
Gestaltung und Satz: Katrin Kleinschrot, Stuttgart
Produktion: Klaus Jost
Druck und Bindung: Westermann Druck Zwickau GmbH, Zwickau
Printed in Germany / Imprimé en Allemagne

FSC www.fsc.org
MIX
Papier | Fördert gute Waldnutzung
FSC® C110508

Gärtnern — leicht gemacht.

128 Seiten

Hochbeete für Anfänger

Gärtnerambitionen, aber keine Ahnung, wo man anfangen soll? Wie wäre es mit einem Hochbeet? Die erhöhten Beete liegen nicht nur voll im Trend, sondern eignen sich auch perfekt für alle, die neu in den Garten starten. In diesem unterhaltsamen Gartenratgeber der besonderen Art zeigen SPIEGEL Bestseller-Autorin Anja Klein (@derkleinehorrorgarten) und Illustratorin Véro Mischitz erfrischend kurzweilig, anschaulich illustriert und informativ, worauf es beim Hochbeet wirklich ankommt. Im lässigen Comic-Stil e erfahren Garten-Neulinge, was sie für den erfolgreichen Start benötigen und wie das eigene Hochbeet zur grünen Oase wird.

Magie der Insekten

Im Jahr 2023 gab es so wenige Schmetterlinge wie noch nie zuvor. Der aktive Schutz der schönen Insekten ist daher zunehmend wichtig. Doch wie gelingt die erste Hilfe für Schmetterlinge & Co.? Was können einzelne Gartenbesitzer tun, um die Artenvielfalt zu erhalten? Frank und Katrin Hecker geben in diesem Buch spannende Einblicke in die faszinierende Welt der flatternden Insekten, erklären ihre Entwicklungsstadien und Lebensweise und zeigen, wie wir schon mit kleinen Maßnahmen Großes gegen das Artensterben bewirken können. So geht insektenfreundliches Gärtnern von Frühling bis Winter!

144 Seiten

kosmos.de